J．-H．法布尔

目 录

法布尔名言

本能是虫类的天才。

——原著第六卷《我的学校》

母性愈显著，本能愈优越。

——原著第五卷《圣甲虫·前言》

接受我们质询的并不是动物本身，却恰恰是我们自己的眼光；要知道，我们的眼光总是喜欢做出对我们既定看法有利的回应。

——原著第四卷《本能变异》

许多时候，倒是以无知为佳。头脑保持调查研究的自由，人就不会误入书本提供的某些绝无出路的歧途。

——原著第九卷《朗格多克蝎的家庭》

没有比“荒诞”更能经久不衰的了。

——原著第十卷《菜青虫》

我们怀着自己的心愿而特别珍爱过的东西，到头来会凄惨地毁在现实的利爪之下。

——原著第十卷《童年忆事》

如果科学肯放下架子让孩子们也感到亲切，如果我们的大学军营考虑在死书本之外再增设活的野外学习，如果官僚们颇有好感的教学大纲套索不把有志者的首创精神扼杀干净，那末，自然史就能将不知多少美好善良的东西印在孩子们的心灵中！

——原著第六卷《西绪福斯虫与父性本能》

原原本本、实实在在的东西，公式无法驾驭。

——原著第三卷《戳一下变形论》

一小块注入了生命的，能欢能悲的蛋白质，其价值超过无边无际的原始物质材料。

——原著第六卷《蟋蟀的鸣叫与交配》

生命进化并不是循序渐进的过程，并非一定从低劣进入良好，随即从良好进入最佳；进化是以跳跃形式完成的，有的时候出现进步，有的时候也出现倒退。

——原著第九卷《朗格多克蝎的家庭》

我们应当不是把生命当作一种享乐，一种磨难，而是当作一种义务，一种只要最后期限未到我们就必须全力而尽的义务。

——原著第七卷《催眠及自杀》

致儿子汝勒（卷首语①）

亲爱的孩子，我昆虫事业中如此满腔热忱的合作者，我植物领域里如此富于眼力的助手。依照你的意愿，我开始了这项工作；内心怀念着你，我坚持不懈地从事着这项工作；而且，我将在这哀痛中含着辛酸，始终不渝地把这项工作进行下去。呜呼！死亡何等可憎，它是将生机勃勃、盎然怒放的花朵夭折了！你的母亲和你的妹妹们，从给了你莫大乐趣的那片乡间野土上采集了鲜花，做成了花环，带给了你，就放在你长眠其下的石板上。太阳刚晒枯这些花环那天，我把这本书摆在了花环跟前，但愿枯花能看到这令人欣慰的一天。这样，我便感到我们仍在共同从事研究了，因为我这样做本身就是在有力地证明：我将矢志不移地坚持下去，一定叫阎王也翻然悔悟。

①这是法布尔为《昆虫记》第2卷写的卷首语，借来作译本卷首语，替作者表达这一感情。在此说明：本译本脚注除注明“法布尔原注”者外，均为译者所加。

译自原著第2卷《致儿子汝勒》

圣甲虫

LE SCARABEE SACRE

筑窝造巢，保护家庭，这是集中了各种本能特性的至高表现。鸟类这灵巧的工程师，让我们领略到这一点；才能比鸟类更趋多样化的昆虫，又让我们领略了这一点。昆虫告诉我们：“母性是使本能具备创造性的灵感之源。”母性是用以维持种的持久性的，这件事比保持个体的存在更要紧。为此，母性唤醒最浑噩的智力，令其萌发远见卓识。母性是三倍神圣的泉源，难以想象的心智灵光潜藏在那里；待其突然光芒四射，我们便于恍惚当中顿悟到一种避免失误的理性。母性愈显著，本能愈优越。

在母性与本能的关系表现方面，最值得重视的是膜翅目昆虫，它们身上凝聚着深厚的母爱。一切得天独厚的本能才干，都被它们用来为后代谋求食宿。它们的复眼将绝不可能看到自己的家庭后代了，然而凭着母性预见力，它们对后代有着清醒的意识。正由于心中装着自己的后代，它们使自己成为身怀整套技艺的各种行家里手。于是，在它们当中，有的成了棉织品或其他絮状材料缩绒制品的手工厂主；有的成了用细叶片编制篓筐的篾匠；这一位当上泥瓦匠，建造水泥宅室和碎石块屋顶；那一位办起陶瓷作坊，用黏土捏塑精美的尖底瓮，还有坛罐和大肚瓶；另一位则潜心于挖掘技术，在闷热潮湿的工作条件下，掘造神秘的地下建筑。它们掌握许多与我们相仿的技艺；甚至连我们都仍感生疏的不少技艺，也已经在昆虫那里实际应用于住宅建设了。解决了住宅问题，又解决未来的食物问题：它们制做蜜团，制做花粉糕，还有那巧为软化的野味罐头。这类以家庭未来为首要目的的工程，闪烁着由母性激发的各种最高形式的本能意志。

昆虫学范围的其他各类昆虫，母爱一般都显得很粗浅、草率。它们把卵产在良好的地点之后，就靠幼虫自己去冒着失败的风险，面对丧生的威胁，寻找栖身处所和食物。几乎绝大多数的昆虫，都是这样对待后代。养育过程既然如此简单，智能也就无关紧要了。里库格①把艺术从他的斯巴达共和国里统统驱逐出去，他指责艺术使人萎靡。按斯巴达方式养育出的昆虫，自身那些最高级的本能灵性就这样消失泯灭了。母亲从照料摇篮的诸种温柔细腻的操持中超脱出来，其一切特性中最为优越的智能特性，便随之逐渐削弱，直至最终消失。所以，无论就动物而言，还是就人类而言，家庭都是产生对精益求精、尽善尽美追求的一种根源。这一点千真万确。

对后代关怀备至的膜翅目昆虫，确实令我们赞叹。相形之下，把后代推出去碰运气的种种昆虫，则令人很不感兴趣。我们大家知道，几乎所有的昆虫，都是抛弃后代的虫类。但据我所知，根据法国各种地方动物志的记载，像采蜜的虫类和埋野味篓的虫类那样，能够为家庭准备食住的昆虫，还有一种。

说来蹊跷，在母爱之丰富细腻方面，能够与以花求食的蜂类媲美的，竟只有那开发垃圾，净化被畜群污染的草地的各种食粪虫类。你想再找到一位富于本能、忠于职守的昆虫母亲，却必须摆脱花坛里馥郁芬芳的花朵，转向马路上那些骡马遗弃的粪堆。大自然中充满这类反差对照。我们所谓的丑美、脏净，在大自然那里是没有意义的。大自然以污臭造就香花，用少许粪料提炼出令我们赞不绝口的优质麦粒。

尽管各种食粪虫类干着与粪便打交道的活计，然而却荣享盛誉。它们一般都生就一副有利的身材；它们穿着样式简单但光泽性很好的外衣；它们的身体胖胖的，却压缩成扁片体形；它们的额头和胸廓上，佩戴着奇特的饰物；若放在标本收藏家的盒子里，它们就更显得光彩照人了。尤其是法国境内的食粪虫类，它们当中不仅有最常见的各种乌黑发亮的虫种，而且还有若干金光闪闪和紫辉灿灿的热带虫种。

食粪虫类是畜群的常客，与牲畜几乎形影不离；恰好它们身上能散发一种苯甲酸的微香，可以充当熏羊圈的香料。一向不大注意使用优美语言的昆虫分类词典编撰者们，发现食粪虫竟还有田园生活般的习俗，无不刮目相看。于是，他们也捐弃前嫌，在该类昆虫的简介文字开始部分，写进以下名称：玫丽贝、蒂迪尔、雅明达思、阁利冬、阿丽克西施、毛波絮丝②。食粪虫这一连串的称号，都是在古代田园诗中，被诗人们叫响了的。维吉尔③的牧歌作品里，出现过赞美食粪虫的多种词语。

一堆牛粪周围，竟出现了如此争先恐后、迫不及待的场面！从世界各地涌向加利福尼亚的探险者们，开发起金矿来也未曾表现出这般的狂热。太阳还没有当头酷晒的时候，食粪虫已经数以百计地赶到这里。它们大大小小，横七竖八，种类齐全，体形各异，身材多样，密密麻麻地趴在同一块蛋糕上，每只虫子抱定其中一个点，紧锣密鼓地切凿起来。露天工作的，搜刮表层财富；钻进内部打通道的，寻找理想矿脉；开发底层结构的，则顺势把食品直接埋进身体下面的地里；那些小字辈们，暂时站在一旁，只等强有力的合作者大动干戈时有小渣块滑落下来，它们便前去加工成碎屑。有几位刚刚赶到这里，想必是饥饿难忍

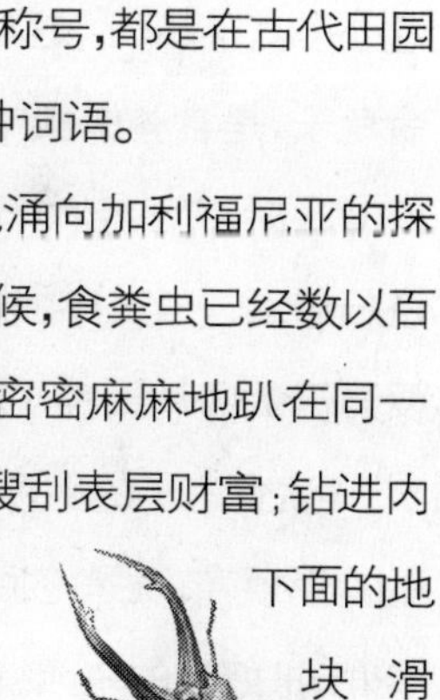

了，居然就地大吃起来。然而，盼望自己拥有一份充足储备的食粪虫毕竟为数最多，它们愿意躲进万无一失的隐身场所，守着储备的食品，过上一段较长时间的富足日子。你特别想能置身于没有污染的，长着百里香的原野，如果那里真的连一摊新牛粪都见不到，这岂不是老天爷的恩赐？惟有命运得宠的人，才能有这等福分。然而，这并非仅仅是一种憧憬，也是眼前的现实：例如今天这批牛粪，就正在被食粪虫当作财富，小心翼翼地藏入仓库。在这之前，畜粪的香味飘散开去，将好消息传遍方圆一公里内各个地方。大家闻风而动，全部奔向粪堆，收集储备食品。你看，有几位落在后面的同类，正陆续赶到这里，它们有的是飞着来的，有的是走着来的。

那惟恐迟到，一路碎步小跑赶往粪堆的，又是哪一位？长长的肢爪，僵硬地做着充满爆发力的动作，仿佛是在腹中机器的驱动下行走；一对橙红色的小触角，张成折扇形状，透露出垂涎欲滴的焦急心态。它赶来了，赶到了，可刚一到就撞翻了几位筵席上的宾客。它，就是圣甲虫。这是种一身黑装的金龟子，是食粪虫类中最大而且最负盛名的一种。古埃及对它怀有崇敬之情，视其为永存之象征④。此时此刻，它已经入席，肩并肩与同行们坐在一起。同行们正用前爪的宽阔平掌，轻轻拍打自己的粪球，进行最后一道工序的成形加工。为粪球再增加这最后一层材料，便可以退席告辞，回去平平安安地享受自己的劳动果实了。我们现在来看看，那地道的粪球是怎样一步步制作出来的。

这金龟子的头顶上，是宽阔扁平的顶壳，上面有六个细尖齿，排列在月牙儿状顶壳前沿。这带齿的扁形顶壳，既是挖掘工具，切割工具，也是插举、抛甩粪料中无养分植物纤维的杈子，而且还可以当搂耙，把好吃的东西统统搂过来，归拢在一起。选料工作就是这样进行的，这行家分得出优劣精粗。如果这金龟子是给自己找食物，那末，它粗枝大叶地拣一拣就行了；但如果是尽母亲的义务，那末，它在制作食料丸时，就会严格认真、一丝不苟地选料。

为解决自己食用的问题，它对粪球原料的质量要求一点儿不高，只是大致分拣一番。它先用带齿的顶杈豁挑几下，再草草地搜索一道，剔除些杂质，然后归拢成堆。制作粪球时，两条强劲有力的前腿参与操作。扁平的前腿是弓形的，表面凸现着刚健的纹脉，前半部分排列着五个粗壮的尖齿。遇到需要显示力量，摧垮障碍物，为自己冲开一条通向粪堆纵深的道路的时候，这食粪虫便强行拨扫而进。只见它一对齿足左右伸出，猛地横扫一耙，面前便出现了一个半圆空场。场地清理出来后，两只前爪又开始另一工种的工作，它们把顶耙已经搂到的材料划拢过来，送到肚子下面的后四只足爪之间。后四只足爪，正好适合从事镟工的工作。这金龟子最后边的那对足爪，长得又细又长，略微弯曲，酷似弓架，尖端长着利爪。一眼望去会立刻发现，这对后肢具有球面圆规的构型，两只弧形支脚之间，环抱成一个球状，正好可用来测量球面，修正球形。事实上，它们的确就是加工粪球用的。

双耙一抱一抱地把原料划拢到肚子底下，原料送到后面四条腿间，后四条腿的弧形共同转化成粪料团的外形，粪球初具雏形。这之后一段时间里，经过粗加工的粪球被抱在两组球面圆规当中，由四只支脚一边摇滚一边轻压。肚子底下的旋转加工，使粪球的外形进一步完善。一旦球体表面缺乏可塑性，有剥落的危险，或者，当某一部位纤维过多，旋转加工难以顺利继续下去的时候，前面的两只齿足就对不合规格的地方施行再加工处理；宽大的拍打工具轻轻拍打，于是，那些新添加的材料与粪球结为一体，那些难以粘贴的碎料被拍贴在球体上。

烈日下，加工正紧张进行。此时此刻，镟工的操作动作敏捷之极，已达到白热化程度，我都

看呆了。手下的活儿，进展迅速：刚才还是粒小弹丸，这工夫已经核桃般大小；再过一会儿，就要变成苹果大的球了。我还曾看见，有些贪吃的金龟子，竟把粪料球做得像拳头那么大。那肯定得花上几天工夫。

储备食品制作好了。现在要撤离混乱不堪的现场，把食品发送到某个稳妥的地点。正是在这项行动中，金龟子那些令人叫绝的习俗特征开始表现出来。只消片刻，这食粪虫便上路了；后两条腿抱住圆球，与此同时，这两条腿的一对足尖，分别从左右两侧插入球体表层，构成旋转体的一副支轴；中间的一对足爪按在地上，当作支撑架；前面那对带护臂甲的齿足，充当杠杆的角色。那对齿足施加作用力的方式，是双掌轮番在地面上推按。就这样，这金龟子弓着身子，压低脑袋，翘起屁股，操着倒退的动作，运送负载物前进。这样一套机械的关键部件，是始终处于运动状态的最后一对足爪：它们时刻移动着，变换爪尖的触着点，调整旋转体轴心的位置，在确保负载物平衡的状况下，使负载物在前足一左一右的推动下向前滚动。粪球的所有部位依次接触地面，整个球面都能受到滚压，不仅使球体外形更趋完美，而且使表面硬度在均匀受压的过程中达到一致。

加把劲呀！对，好了，滚起来了；它一定能达到自己的目的，当然，会碰到难题的。这不，第一重困难来了：出现在食粪虫面前的是路堑陡坡，沉重的粪球一个劲儿地溜坡。可是这虫类认准了自己的理，偏乐意从那条天然现成的道路上横跨过去。这方案够胆大的，只要一步闪失，或者一颗沙粒颠得球体失去平衡，一切都将落空。果然，脚步出现失误，粪球滚落到路旁的沟底。这虫子被滑冲下来的负载物撞了个仰面朝天，六只脚一阵挥舞。终于，它又翻身立足，接着便追上粪球，继续苦干。这拖运机进入最佳运转状态。——当心着点儿，冒失鬼；顺谷底走，那样既省力又安全；那条道不错，很平坦，你的小球能轻松滚动。——真是的，它偏不那么走；它坚持要重新爬上陡坡；如此看来，那地方是它不可迂回的一道障碍了。兴许，恢复到一定高度对它有用。想到这里，我也就没什么可说了。一定的高度的确可以加以利用，在这一点上，金龟子比我明智。——但是你起码该走这边的小山道呀，这小道坡度小，准能让你爬上去。——它根本不理睬你；尽管旁边那条道是不可能逾越的陡坡，小顽固却非要从陡坡山道那里走不可。于是，西绪福斯⑤的工作开始了。只见它吃力地向上推动硕大的负载物，步步为营，步履维艰。可是每当推到一定高度，粪球都滚下坡去。目睹这一场面的人，会不禁产生疑虑：要让这么大的粪球稳定在坡面上，得需要何等惊人的支撑力量啊。哦！行动稍有失调，这大个子虫类就得吃一遭苦头儿：先连虫带球滚下坡；然后再往上爬；但很快又滚下来；就这样，它爬上滚下，滚下爬上。这时候，又一次尝试开始。这一次，高难度坡段居然顺利通过了。原来，头几次是一株禾本植物的根把它绊倒；而这一次，它谨慎地绕了过去。现在，还差一点儿咱们就上去了。动作轻着点儿，千万要轻。坡陡路险，即使是够不上失误的不慎，也能叫你前功尽弃，一切从头儿做起。糟糕，脚在光滑小砾石上踩滑了，粪球连带着食粪虫，叽里咕噜地滚下坡去。这虫子并不气馁，再一次开始顽强的爬坡行动。十次，不行；二十次，还不行。它要么坚持尝试，不中断这种无济于事的攀登，直到毅力能最终战胜障碍；要么认真思考一下，承认徒劳无益的现实，转而走上平道。

金龟子运送珍贵的粪蛋儿，并不总是单枪匹马地干。它往往会找一位同事，说得确切些，往往是有同事找上门来。情况一般是这样的。一只金龟子做好了粪球，退出纷争的虫群，离开作业场地，倒退着把储备食品推走。旁边有一只金龟子，它是最后一批赶

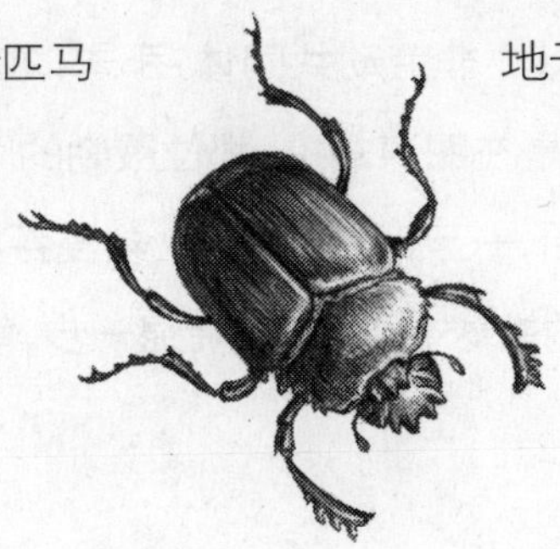

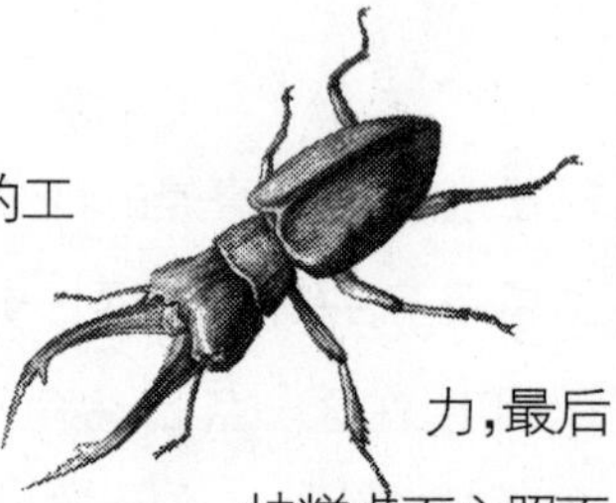

到作业场的，手头儿的活计刚刚开始。只见它突然丢下自己炮制小粪球的工作，跑到正在滚动的粪球那里，去协助得意而归的粪球主人；主人路遇支援，显得很乐意接受。自此，两位伙伴开始了协作行动。它们一路上争着出力，最后把粪蛋儿运到安全地点。究竟工地上达成过什么条约，换言之，是否为一块糕点而心照不宣地默许了利益均沾的协议？在一只金龟子揉制粪球的过程中，是否有另一只在发掘上好粪源，并提取出来，添加到属于共同财富的储备食品上？作业场上这种合作劳动的实例，我从来没有撞见过。我所看到的是，每只金龟子都在粪料开发地忙自己的事。因此可以说，半路后来者是没有任何占有权的。

合伙运送粪球，会不会是异性间的合作呢？它们是不是即将配对儿的一公一母？有段时间，我确实以为是这么回事。两只食粪虫，一前一后，怀着同样高涨的劳动热情，双双推动沉重的粪料团；这情形令我想起从前，人们手上摇着风琴，口中唱着这样的歌：“——为把几件家具添哪，我说咱俩怎么办？——咱俩一道推酒桶吧，我在后来你在前。”然而只要动用一下解剖刀，就不会再认为眼前这是恩爱家庭的一幕了。金龟子的两性，外表上没有任何区别。因此我对推运同一粪球的两只食粪虫，施行了尸体解剖；结果，其中很多都是二者同性。

既非家庭共同体，亦非劳动共同体；那末，这种看上去像是结为某类社会的现象，又何以存在呢？答案很简单，这是在图谋劫掠。那位殷勤的同事，打着富于欺骗性的幌子招摇过市，明里帮人一把，暗中心怀鬼胎，一旦时机成熟，立刻侵吞不待。把小粪块滚成球，这不仅要吃苦，还得有耐心。如果能把现成的粪球夺到手，或者退一步，能强行当一位座上宾，那该是多便宜的事呀。粪球主人稍一放松警惕，人家就会裹携着财产，溜之大吉；主人如果寸步不离地监视着，人家就会以没少出力为理由，索性与你就地共进美餐。如此伎俩，不管怎样都能获利，掠夺已被干成了利润极高的一个行当。确实有如上所说的那样一批金龟子，它们在阴险地做着手脚。它们前去给一位无需帮忙的同事帮忙，表面上装成仁慈的援助，骨子里埋着不可告人的贪欲。更有一部分似乎根本不要脸皮的金龟子，自恃力大劲足，采取突然强行掠夺的手段，直截了当地达到自己的目的。

强行掠夺的行为随时可见。一只金龟子撤离了工地，与世无争，独自滚着粪球，那是它的合法财产，是它凭良心得来的。突然，不知从哪儿又飞来一只同类，身体重重地落在地上，先把烟熏般的黑翅膀收进鞘翅，然后挥起前肢，用臂甲的背面击倒粪球主人。主人此刻正操着拖拽姿势，所以根本无法招架。趁被剥夺者晕头转向、立足未稳的当儿，不速之客已捷足先登，神气十足地高高站在粪球上，控制住击退进攻者的最有利位置。它把带铠甲的双臂缩在胸前，随时准备反击，以防事态逆转。被窃取了劳动果实的，围着粪球团团转，寻找有利的出击点；当窃贼的则站在碉堡顶上原地打转，时时与对方保持对峙态势。只要攻方立起身来往上爬，守方就一臂挥扫过去，击在对方的后背上。看来，如果进攻者不改变收复财产的策略，那末，占据了制高点优势的那一位，将一次又一次地挫败另一位的进攻企图。这时，进攻一方转而采取破坏行动，想把碉堡和驻防部队一起掀翻。粪球的根基开始动摇，球体随即晃动，接着滚了起来。强盗随之一起滚动，但见它使出浑身解数，使自身保持在球顶上。它成功了。当然，并不是所有强盗都能成功。它之所以掉不下来，是因为它快速做着一连串的体操动作，克服了球状支撑物产生的失衡作用，身体始终处在得以保持垂直的球体顶部。一旦它失足跌落，优势立即会变成均势，战斗随即以短兵相接的形式继续进行。这时候，窃取者和被窃者对顶而立，身贴身，胸靠胸；足爪不断地互相交叉分离，节肢钩绕在一起，头顶的角盔频频相撞，时而发出锉磨金属般的刺耳声音，咯吱咯吱的。经过格斗，能够掀倒对手而得以抽身的一方，火速抢占粪球制高点。围城攻坚，战事又起。这时的进攻者，可能是强盗，也可能是被抢者，这地位取决于谁在肉搏战中失势。盗贼胆大包天，铤而走险成性，它们大都可以占上风。在这种情况下，被剥夺财产者接二连三受挫，斗志松懈下来，忍气吞声但又服服帖帖地重返粪堆，到那里再制作一个小粪蛋儿。那掠夺得手的，惟恐已经解除的险情会突然重现，拖起抢到的粪球便走，把它运送到自感保险的地方。我有时还遇到这样的情况，突然又出现第三位争夺利益者，来窃取窃贼的果实。说良心话，我对它倒没有什么反感。

我煞费苦心地思索着两个问题。其一，什么样的蒲鲁东⑥使"财产即赃物"这样一条大胆悖论渗透到金龟子的习俗当中。其二，什么样的外交家，使"武力胜过权利"这样一条野蛮法则在食粪虫类那里变为一种光荣。

由于缺乏基础资料，我难以探究这些已经习惯化了的劫掠现象的起因，也无法搞清这种为夺取一团畜粪而滥施武力的行为的原由；我可以证实的仅仅是一点，即，窃取是金龟子当中的普遍作法。这些滚粪球的，肆无忌惮地互相掠夺，我真不知道其他虫类还有如此典型厚颜无耻的行为。这个昆虫心理学的奇怪难题，姑且留给未来的观察工作者去关注解决吧，我接着讲那两位协作滚粪蛋儿的合伙者的事。

尽管用词未必贴切，我们仍以"合伙者"称呼两只合作共事的金龟子。它们当中，一位是强行合伙的，另一位则是怕惹更大麻烦才接受外援的。二者相逢，还算和气。协助者赶到的时候，财产所有者正一刻不停地工作。刚来的好像心怀友善，而且立刻投入工作。两位合伙者，各自采用不同的拉套方法。财产所有者占主导地位，处在显要位置，从负载物的后面向前推，是后腿在上而脑袋朝下。协助者位于负载物前面，姿势刚好相反，是脑袋朝上，带齿的前臂按在球体上，一对长长的后腿撑住地面。一只金龟子向前推，一只金龟子向前拉，粪球滚动于二者之间。

两只金龟子使出的力量，并不总那么协调，原因是，帮忙的要背对路面，财产所有者又被负载物挡住了视野。所以，事故频频发生，运送粪球的每每翻起三百六十度大跟头，虽说无可奈何，倒也十分开心。跟头过后，迅速起身，各自重新就位，前后位置依然如故。即使在平地上，这种运载方法也只能事倍功半，因为整体行动缺乏准确的配合。其实，只用在后面推的一只金龟子，事情不仅能做得同样快，而且能做得更出色。这时候，那位协助者又不安分了，它刚才还表现出心怀诚意的样子，现在却冒着打乱运行机制的危险，决定以逸代劳。当然喽，早已被它视为己有的珍贵粪球儿，它是始终都没有放弃的。摸着的粪球，就是得到的粪球。但它也绝不会掉以轻心：另一位也许会把它前不着村、后不着店地丢在那里不管。

这家伙把腿收在腹下，身子贴伏在粪球上，就像是嵌在球面上一样，与粪球浑然一体。从这时候开始，一个由球和虫组成的整体，被财产合法所有者推着滚动。偷懒的扒在粪球上，球体不时从身上轧过，自己的身体失去了固定方位，忽儿在球顶，忽儿在球底，忽儿在左弦，忽儿在右弦；然而，这一切对它无妨。这忙帮得很不错，的确是默默无闻地。这样的帮手真难找到：自己坐上大车，食物就得有它一份！然而前面如果出现陡坡，它就必须下来露一手儿了。此时，粪球滚在坡面上，行进艰难，刚才搭车坐的，现在处在排头兵的位置，正用带齿的双臂拉拽沉重的粪球；同伴则在下面撑住球体，一点儿一点儿地往上顶。密切配合，通力协作，上边的拉，下边的推，我看到金龟子们就是这样爬坡的。老实说，那陡坡如果只靠一只金龟子推着粪球爬，纵使顽强不息，也只能筋疲力竭，一筹莫展。在这种艰难时刻，并非所有金龟子都能表现出冲天干劲。斜坡路上，本来十分需要协助者提供支援；可是偏偏有这样的家伙，它稳稳当当地坐在车上，好像全然不知遇到了困难，需要克服。倒霉的西绪福斯，在那里一遍又一遍地拼命使劲，不遗余力度难关；另一位呢，静坐不动，听其自然，只管自己牢牢扒在粪球上，随其一起跌滚下去，一起爬滚上来。

假如那只金龟子很荣幸，遇到的是位忠实的合伙者，或者情况更佳，它半路上根本就没遇上一位自己主动赶来的同伴，那就可以顺利进入下一步工作了，储藏粪球的地穴是现成的。地穴已经在土质疏松的地方挖好，通常是沙土上，形式像个地窖。地窖不深，其空间大约能容下一个拳头；一条细颈通道通到地面，通道口刚好可以通过一个粪球。粪料食物收藏好，金龟子马上把事先存放在室内角落里的杂物移过来，推上去，堵住屋门，把自己关在家里。只要大门一关，从外边根本看不出这里会有一处举行庆祝活动的地下大厅。现在可以高呼一声"快乐万岁"了；厅里都是按最高级方式准备的最美好的东西！奢侈豪华的食品摆上了餐桌；天花板挡住骄阳的辐射，只让少量湿热空气透进室内；心境安宁，氛围幽暗，外面传来蟋蟀的合唱；一切一切，无不于胃肠功能有益。我借着想象力，俯在一个金龟子洞前，悉心谛听里面的动静。结果真叫人惊讶，耳边仿佛响起了进餐歌，那歌词采用的还是描写海洋女神该拉忒亚的歌剧中的著名段落："啊！无所事事是多么甜蜜。看周围，没一个不在奔波焦急。"

坐在这样一桌筵席上，沉浸在怡然自得的福乐之中，这场面有谁好意思去搅扰呀？可求知欲是什么都做得出来的，我就曾有过这般斗胆。下面所记录的，就是我采取侵宅行动的结果。我看到，仅仅粪球本身，就几乎把大厅塞满了；这奢华的食品，从地板一直堆到天花板。食物和墙壁之间，空出狭窄的通道，宾客的席位设在通道上。宾客最多才有两位，大多数情况下都只有一位。在这种地方用餐，它们要肚皮贴着餐桌，后背靠在墙上。座位一旦找好，它们便一动也不动了；消化器官抑制住一切生命活力的迸发。任何小小的吵闹都不发生，否则就要少吃上一口；任何一口都不嫌弃，否则就会出现浪费。一切都得按照顺序，严肃认真地穿肠而过。看着它们这样聚精会神地围住粪便，你会以为它们意识到自己担当着大地净化器的角色，你会觉得它们正自觉主动地投身到以粪造花的精细化学工程中来。鲜花使人赏心悦目，金龟子们也用鞘翅点缀着春天的草坪。马羊等牲畜，具有高级的消化系统，但它们排泄的东西当中仍有未加利用的物质。金龟子从事的，是把牲畜不用的废料转化成生命物质的工作，因而它们应该掌握一整套专门的手段。果真不假，经解剖处理，情况令人惊叹，这食粪虫类的肠道竟长得难以想象。肠道是一个往返曲迴的系统，食料从中通过，可以被充分消化，直到每个可以利用的颗粒都被消化吸收为止。食草动物未能予以吸收利用的物质，食粪虫类的高效蒸馏器却从中提炼出种种财富。这些财富稍经转换处理，便生成了圣甲虫的黑铠甲和其他食粪虫类的金黄、赤红护胸甲。

不过，令人赞叹的垃圾转化工作，应该在最短期限内完成：环境清洁要求必须如此。恰好，金龟子拥有的消化能力，大概是独一无二的了。只要在住所里昼夜守着食物，这虫类就一刻不停地进食，直到储备食品全部消耗干净。如果你有了一定的实践经验，那末，把金龟子关在笼子里喂养的作法是很可取的。采用这种方法，我获得了如下资料，对认识大名鼎鼎的食粪虫的高效能消化器官很有帮助。

整个粪球，一点儿一点儿地，依次通过了肠道。于是，隐士再度出门，四处碰运气。交上好运后，再为自己做一个粪球。接下去，一切又重新开始。

有一天，天气闷热，很利于我那些幽禁隐士开展美食狂欢活动。我手上抓着钟表，守在一位露天进食者旁边，从早上八点直守到晚上八点。这金龟子似乎赶上了颇对胃口的食料，十二个小时里一直大嚼不停。晚上八点，我最后一次察看情况。其胃口仍未显示出丝毫厌倦，饕餮之徒的情绪，饱满如初。这以后，欢宴仍持续了一段时间，直到整个食料块全部消失。第二天再看时，金龟子不见了，头一天里尽情嚼咽的粪块，只剩下一些碎渣。

时针转了一圈，其实比一圈要多，整个时间里演出的，就只是这进餐一幕，称之贪吃，大概不算夸张。下面还有比贪吃更精彩的，那就是消化之神速。当前头不停吞嚼的时候，后头也不住地排泄。不再含营养成分的排泄物，连成一根黑颜色的细绳索，酷似鞋匠的小蜡绳。金龟子只在就餐时排便，由此可以见出，其消化工作有多么及时。头几口食物刚下肚，它的拔丝机就开始工作了；最后几口食物咽完后，拔丝机才终止工作。进食过程中，小蜡绳始终不出现断头，时刻挂在虫子的排泄口上。已经接触地面的部分，盘成一堆儿；只要还没干透，盘在一起的蜡绳可以随意展开。

每次排泄的间隔，基本与秒表跑圈的节奏吻合。每隔一分钟，更精确地说是每隔五十四秒钟，一小节虫粪挤出来，细绳索随之增长三、四毫米。每当细绳索长到一定程度，我便用镊子把它夹断，把一小卷一小卷的粪绳拿到刻度尺上，不断展放开量一量。测量结果表明，十二小时排出的

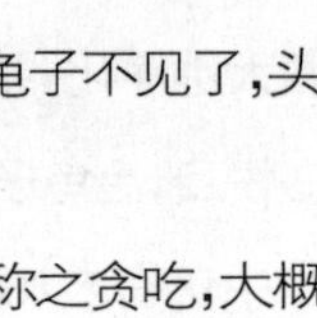

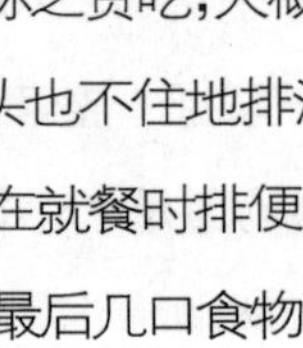

绳状物，总长度为二米八十八厘米。晚上八点钟的这次察看，是借着提灯的亮光完成的。这之后，除正餐外又补充了夜餐，所以金龟子的进食和拔丝又持续了一段时间。最后，我这只虫子在未出现任何断头的情况下，拉成了一条大约三米长的粪绳。

只要知道细绳的直径和长度，其体积很容易计算出来。昆虫本身的体积，其实也不难计算，把它置于量筒当中，观察筒内水位线的变化，问题就解决了。由此得到的各种数据，还是很有意义的。结果表明，为恢复体力而进行的一次补充食物活动，金龟子就消化了与自己体积相差无几的食物。多厉害的胃肠，多快的速度，多强的消化力啊！一张口进食，废弃物便开始形成不断加长的一根细绳，而且只要用餐不止，这根细绳就会无限延长下去。这似乎可以永不停歇的惊人的蒸馏器，只要食物不短缺，它就能让原料一个劲儿地输入流程，并且随时通过胃囊试剂的化学反应，把废料排泄干净。我不禁在想，一座能如此及时净化垃圾的试验室，肯定会在环境卫生工作中有所作为。

①里库格（Lycurgue）：公元前九世纪斯巴达国家的著名立法者。又译作"莱喀古士"。

②玫丽贝……毛波絮丝：即Mélibée、Tityre、Amyntas、Corydon、Alexis、Mopsus的译音。

③维吉尔(Virgile，公元前71年-前19年)：古罗马著名诗人。

④古埃及人认为这种昆虫造福人类，创造奇迹，因此称之为"圣甲虫"，并且在公共广场竖起它的巨型雕像。后文中，作者多用其学名"金龟子"。

⑤西绪福斯：希腊神话中的暴君。死后受到惩罚，在地狱里把巨石往山上推；巨石每当接近山顶时便滚落下来；他只得永无休止地往山上推巨石。

⑥蒲鲁东(1809-1865)，法国哲学家，致力于建立自由社会主义学说。他认为，承认个人对社会财富的所有权，就等于承认窃取他人也是正当的了。

译自原著第5卷《圣甲虫·前言》

西绪福斯虫夫妻

LE SISYPHE

几乎只有高级动物才一定要尽做父亲的义务。鸟类在这方面表现得很出色，一身皮毛的兽类也做得无可挑剔。再低级些的动物，就没有身为一家之父的意识了。雄虫们怀着生儿育女的高涨热情，可热望一时间得到满足后，当场便与对方解除两口子的关系，溜之大吉，根本不把日后那一窝孩子放在心上，反正它们总会自谋生路的。只有少数虫类不在惯例之列。

在幼虫娇弱而需要长期帮助的那类动物当中，父性淡薄的表现是不光彩的。然而在这里，父性冷淡却颇有托辞，其理由是新生儿皮实，无需帮助也会餬口，只要它们能呆在有利的地点就行了。譬如说粉蝶吧，为了繁衍种族，它只要把卵产在一棵卷心菜的菜叶上就行了，何需做父亲的跟着操心呢?母亲具备植物学本能，不需要什么帮助。产卵期内，另一方大概就是个纠缠不休的讨厌鬼。干脆就让它再去勾搭别人吧，有它在恐怕反而会坏了大事。

大多数昆虫，都实行与此相似的粗放型育子方针。它们要做的，只是选好一座幼虫一出卵壳就可赖以组织家庭生活的食堂，或者选定一处日后幼虫能够自谋理想食宿的落脚点。凡此种种，都不需要父亲。姻缘一旦了结，自此无用的闲汉子继续过上几天快活日子，而后便在对安顿家庭后代毫无建树的情况下断了最后一口气。

事情不总都是这样将就凑合，潦潦草草，也有要为后代备足一份财产的部落，它们为幼虫准备好食宿条件。这当中特别应提到膜翅昆虫，它们是能工巧匠，长于制造贮藏室、瓮坛和给幼虫盛蜜用的囊袋，掌握在地下为小虫建造野味肉贮存室的高超技艺。

不过，这样一项既需要建筑又需要储备的庞大工作，这样一种鞠躬尽瘁、奉献一生的劳作，都是靠母亲一个人来完成的。她操劳过度，筋疲力竭。父亲呢，他在工地边上尽情晒着太阳，看着不畏艰难的母亲在那里干活儿；一旦他调戏上了邻居的女主人，就更要自动免除一切杂役了。

他就不来帮她一把吗?兴许会只帮一把，但也恐怕永远都不会真这样做。他就不学习燕子夫妻的榜样吗?人家是两口子一块儿干，谁都叼稻草，谁都衔垒窝的泥，谁都给雏燕喂飞虫。这种事他是不干的，也许他会以自认不如妻子强壮为借口吧。可这是不成其为理由的理由呀：拽下一片小圆叶，在多绒植株上刮些绒絮，从泥滩地上叼起一小块儿泥，这种工作并没有超出他的力量限度。他本可以很好地合作，至少可以胜任泥瓦小工的工作，给心细的母亲取来材料，由母亲放到该放的位置上。他这样做甩手掌柜，真正原因就是惰性。

事情很怪，技能型昆虫中造诣最高的膜翅昆虫，竟不知有属于父性的工作。幼虫在许多事情上都指望着成虫，这种现状似乎应该促进做父亲的练就一身高超本领，然而他却能力低下得像只蝴蝶。殊不知，蝴蝶的家庭后代根本无需花力气建造什么。我们依充分理由确信他应该具备的本能天赋，事实上却看不到。

膜翅目雄虫没有表现出父性的本能才干，这就使我们格外对摆弄粪球儿的虫类感到惊叹，它们虽然不会造蜜，然而却具备令人肃然起敬的不凡身手。各种食粪虫都奉行夫妻互相减轻负担的行为准则，它们懂得双方共同劳动能带来巨大力量。我们还记得埋粪虫夫妻齐心合力为幼虫准备遗产的情形。想一想那位做父亲的吧，它在制作压缩香肠的过程中，不断用强有力的大手拍打按压，积极帮助自己的伴侣。那是何等高尚的家庭习俗；昆虫世界普遍都由雌性单独劳作，所以说这习俗着实令人赞叹。

当然，这毕竟只是惟一仅有的一例。但是在这一榜样的感召下，沿着这条道继续往下走，经过长期研究之后，我今天终于能够再举出这样的三个例子了，而且是三个都颇有意义的实例。不过，这三者仍然是食粪虫的同行。下面我就一一介绍它们，只是要说得扼要些，否则会令人感到许多地方与圣甲虫、西班牙蜣螂和另外一些虫种的情况太雷同。

第一个要说的是西绪福斯虫，它在我们滚粪球虫类中，是身体最小而热忱最高的一位。它手脚麻利，跟头翻得惊险，下坡滚儿打得异常迅猛，从难以行走的路上跌下来后，每每总是不顾一切地再往上爬。这些绝活儿，没有谁能比得了。为了让人们记住这位永不休息的体操健将，拉特来伊先生给它取名为“西绪福斯”。这本是古时候地狱里一位大名人的名字。那位不幸者以惊人的毅力服苦役，吭哧吭哧地往山头上推一块大岩石。每当马上就要推上山顶的时候，大石头总是脱手，重新滚到山下。从头推起，可怜的西绪福斯，再一次从头推吧，不断地从头推吧；只有当石块推上山顶，稳稳当当就了位，你的艰难困苦才能结束。

这个神话，我很喜欢。这说的差不多就是我们人间许多生灵的事。他们不是无耻刁民，经受得了今生来世的艰辛；而且他们具备良好品质，坚韧不拔，造福于周围大众。他们只有一个必须以身相赎的罪过，那就是“穷”。拿我本人来说吧，半个多世纪在漫长的坡路上爬，留下的是多少件被恶劣路面石棱石角划破并染着血迹的碎衣片；我熬尽了骨髓，耗干了血液，毫不吝惜地付出全部体能，只求把我那重负推上山顶，放到牢靠的地方，这重负就是维持每日生存的面包；谁知这大圆面包刚放稳，眼看着又移了位，接着便疾速下滚，坠入深渊。从头推起，可怜的西绪福斯，从头推起吧，一直推到这大块重物最后一次下落，砸碎你的脑袋，让你最终获得解脱。

自然学家①养的西绪福斯，根本不知天下还有如此辛酸之事。它活泼轻快地行动，斜面陡坡不在话下，只管拖带着它的庞然大物前进，一会儿给自己准备食物，一会儿又给儿子们储备食品。我们这一带很难见到这种昆虫。若不是有一个助手，我永远也捉不到制图所需的这么多活虫。我只想顺便提提这位助手，因为在以后的篇章里，他还会多次出现。

他就是我的儿子小保尔，一位当时才七岁的小男孩。我每次出猎，他都形影不离，因此他知道的事出奇的多，简直不像一个年仅七岁的男孩。他了解蝉、蝗虫、蟋蟀和食粪虫的秘密，食粪虫特别让他感到开心。二十步开外有一片并不起眼的土堆，他能凭着自己那双雪亮的眼睛，一下子辨别出其中哪一堆是真正的地洞口；远处传来一丁点儿蝗虫的唧唧声，我仔细听都觉得一片寂静，可他那尖耳朵早已听得一清二楚。他充当我的眼睛和耳朵；作为交换，我为他出主意。每当我面授机宜的时候，他都听得十分认真，抬起一对似乎有问题要问的蓝色大眸子盯着我。

啊！智力第一次开出的花，是多么可爱的东西！萌发想探询一切的天真好奇心的阶段，是何等美妙的年华！正因为如此，小保尔有了一个鸟笼，圣甲虫在里面给他制作泥胎小梨；小保尔有了一块方巾大的园子，几粒花生正在里面发芽，而且时不时被挖出来，好看看胚根是不是变长了；小保尔还有了一片森林植物园，里面长着

四株布头儿一般高的橡树，株株幼树的一侧，都还连着那冒出一对小奶头的橡栗种子奶妈。这一切是不同于枯燥语法的一种散心活动，反过来也使语法学习得到长足进展。

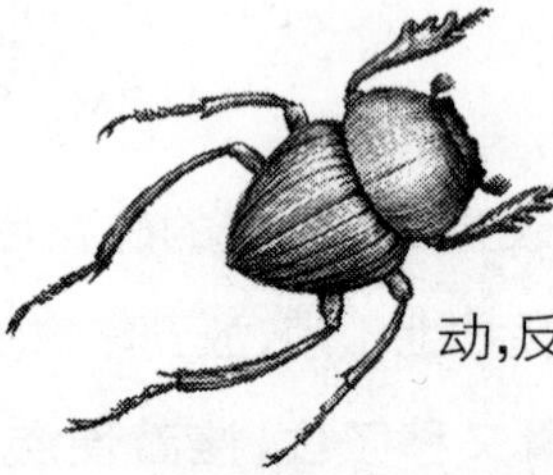

如果科学肯放下架子让孩子们也感到亲切，如果我们的大学军营考虑在死书本之外再增设活的野外学习，如果官僚们颇有好感的教学大纲套索不把有志者的首创精神扼杀干净，那末，自然史就能将不知多少美好善良的东西印在孩子们的心灵中！小保尔，我的朋友，咱们就呆在乡村，置身于迷迭香和野草莓树间，尽一切可能学到更多的东西。咱们在这里一定能造就一副强壮的身体和一副强健的头脑；咱们在这里一定比在故纸堆里更能发现什么是美和真。

那一天是黑板失业的日子，真是件大好事。我们一大早就起了床，准备进行一次计划好了的远足。我们起得太早，你只能空着肚子出发了。别担心，什么时候想吃，我们就找块树荫歇一会儿，你可以在我那个旧背袋里找到干粮，还是那两样，苹果和面包片。五月快到了，西绪福斯虫按说已经出来了。现在要做的，是在山脚下畜群已经踏过的稀疏草地上搜索一番。我们要用手指头把羊粪球儿一个一个掰开，那些粪球儿虽然已经被太阳烤过，但干壳里面还有湿软的心儿。西绪福斯虫就躲在软心儿里，我们会看见它缩成一团，在那里静候着傍晚那次可能带回新鲜货的出牧。

小保尔一字不漏听我说着以前那些偶然发现所揭示的秘密，听完后立即就出了师，当场掌握住抠牲畜粪心儿的技术。他投入了那么大的热忱，那么认真地闻着符合要求的粪堆儿，结果没花多少工夫，我的收获就超出了预先估计的最高水平。现在我已经有了六对西绪福斯虫，这笔财富之大是空前的，以前连想都没想过。

养育它们，不必用鸟笼。一只金属网钟形罩就够了，里面再铺上沙子底，投放些它们喜欢的食物。它们的个头儿，可真小，最多也就是樱桃核那么大！尽管如此，它们的外形还是很有特色的。短粗身材，尾端缩成弹头形；腿很长，像蜘蛛一样伸展开来；两条后腿长得出奇，呈一对弧形，非常适合搂抱和拢紧小粪丸。

一入五月，交尾开始，就在刚刚撤开肚子美餐过的畜粪蛋糕之间，找块平地就行。很快，建立家庭的时候到了。夫妻双双以同样高涨的热情，共同参与为儿子们准备面包的劳动，揉面团，运回家，入烤炉，样样都干。前爪上的小刀用力一划，一块大小正合适的粪食切下来，供它们加工用。这时候，做父亲的和做母亲的齐心协力，共同摆弄切下的小粪块，轻轻地拍打，加力按压，制作成大豌豆粒般的小丸。

和我们在圣甲虫的作坊里看到的一样，完成粪球儿的浑圆造型，不必再借助于横向滚动的作用力。一块粪食在移位之前，甚至是在原地晃动之前，就已经被模制成了球体。这又是一位致力于形状问题的几何学家，它追求的是适合长时间保存食品的最佳外形。

小球很快就做好了。现在需要通过疾速的滚动，使小球外表形成一层包皮，以此防止湿软食品的水分过快蒸发。那位做母亲的开始上套，从较为粗壮的体魄能看出她是母亲。她坐在了正位上，即球车的前方。两条长长的后腿支在地面上，两条前腿搭在粪球儿上，她倒退着将小球向自己这边拽。父亲在后边推，姿势刚好相反，是头朝下。这正是圣甲虫也使用的双人操作法，只是劳动的目的与圣甲虫不同。西绪福斯虫这样一架小球车所运载的，是为一只幼虫准备的财富；圣甲虫那种大型粪球车，则运载的是供老搭档日后重逢时举行地下欢宴的食品。

看哪，两口子出发了。没有既定的目的地，赶上什么恶劣的路面都要前进，如此倒退着行走是不可能避绕障碍的。再说了，这些路障本身就是一种显示精神的机会，西绪福斯虫大概并不想绕开它们，而是要爬上这钟形罩的金属网，以此证明自己具备坚忍不拔的意志品质。

这种举措难度太大，无法实施。母亲用后爪钩住金属网眼，前爪使劲拉拽，重物被向上拖吊起来；接着她搂紧粪球，把它悬抱住。父亲已经脚底无根，索性顺势攀上了粪球，爪尖抠进球体，可以说是把自己嵌进了球车。粪团的重量增加了，他那里却无动于衷，听其自然。不管再付出多大努力，也不可能坚持多久。粪球和镶嵌物合成的大球块，果然跌落下来。母亲从高处张望片刻，好不惊奇，随后立刻滑落而下，重新操起粪食丸，再次开始无法成功的攀缘尝试。两人一次又一次摔下来，最后，登高行动放弃了。

平地使车，也并非那么顺利。无论什么时候，只要滚过一颗石子的小山包儿，就会看到货物一个倾斜，接着车辕翻了个儿，六脚朝天，一阵蹬踹。这不算啥，太不算回事了。二位又爬起来，重新各就各位，而且没一次不是快快活活。别看翻车每每会把这西绪福斯摔出老远，肚皮朝天，小虫却总是满不在乎。它们甚至会这样说：我们巴不得多摔几次哪。是啊，让丸状食品摔得更熟，滚得更实，何乐而不为？既然有了这样的基本考虑，节目单中自然就安排了碰、撞、跌、颠等一系列表演。这着魔般拖带粪球儿的一幕，一连持续了好几个小时。

最后，母亲认为事情做得够完美了，于是抽身离开一会儿，去物色一处理想的地点。父亲蹲在财宝上守候着。雌性伙伴离去后迟迟未归，雄虫便翘起两条后腿，抱住粪球，迅速翻转，以此消解心中的烦闷。他用一套独特的技

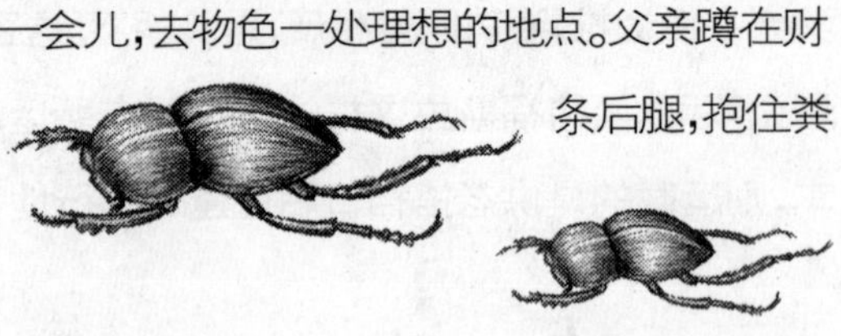

法耍着心爱的小球儿，用一对弧形支脚的卡钳测试球体的尺寸。看他操着欢快的动作不停扭动，有谁会怀疑，由于为未来家人操劳一事证明自己是一家之父，此时的他正因此而欣喜若狂呢。他似乎在说：是我揉成了这暄腾浑圆的面包，是我给我的儿子们做的。他擎举着的，是一份显示已获得为众人利益工作资格的勤劳证书。

这期间，母亲完成了选址工作。地面挖出一个小凹坑，这只是计划中地洞工程的最初阶段。粪食丸被移到坑沿上。父亲担任警觉的护卫，抓着小球儿不放；母亲操起爪子和小硬帽，连挖带拱。工夫不大，小坑够大了，已能容下小半个粪球儿。这之后，西绪福斯虫必须时刻与这圣物保持接触，用背顶着它，感觉到它在身后不停颤动。证实没有寄生虫食客接近后，夫妻俩才开始继续挖洞，因为它们担心，小面包在地洞口外一直放到贮藏室全部完工，恐怕会招致食客的侵害。的确，腻虫、蝇子多的是，它们会攫取这劳动果实。谨慎起见，还是该细心看管，杜绝疏忽。

粪食丸就这样向下滑落，整体已有大半坐入了盆形坑洞。母亲在下面，抱住小球拽；父亲趴在球上，减轻球体摆动，同时防备出现塌方。一切顺利。挖掘工作继续进行，球体继续下陷，谨慎态度依然如故。一只西绪福斯虫拖拽埋藏物，另一只控制下沉运动，并且清理可能碍事的物障。再经过一番努力，小球随两位矿工一起消失在地面之下。又过了一段时间，还是什么也看不到。让我们等上大约半天吧。

只要我们坚持观察，毫不松懈，就会看到结果。父亲出来了，但独身一人。只见他走到离地洞不远的地方，在沙土里缩腿休息起来。母亲留在洞中，她要做她的事，那种事是异性配偶所帮不上忙的，所以一般要到第二天才会出来。最后，她终于露面了。父亲从打瞌睡的隐蔽所跑出来，回到母亲身旁。

重新团聚后，夫妻双双走到食品堆旁，先在那里用餐，然后又切下一小块原料，两人再次合作，共同加工成形，共同装车运输，共同埋入地窖。

看见夫妻双方都这样忠实，我心里感到很舒服。这忠诚是不是已成为行为准则?我不敢肯定。在这方面，会有一些朝三暮四的雄性，它们一旦置身于大蛋糕下的杂处环境之中，就把自己曾为其充当过小伙计的第一位异性面包师傅忘得干干净净，转而效忠于随便遇上的某位异性新欢；也会有一些结为临时夫妻的事例，双方只做完一个小食丸就离异了。但这无伤大雅，这种情况我只碰见过极少次，所以我依然认为，西绪福斯虫的家庭习俗是淳美的。

①自然学家，指以自然存在之矿物、植物、动物等为观察研究对象的学者。亦有“博物学家”的译法。

节译自原著第6卷《西绪福斯虫及父性本能》

草原食粪虫育婴室

LES BOUSIERS DES PAMPAS

我的愿望果真实现了。能有意想不到的好运气，应感激基督教学校的一位教友，他叫朱杜里安，在布宜诺斯艾利斯分会的学校供职。此人秉性谦恭，得到他帮助的人若报以赞颂之辞，就一定会激怒他。总之，是他按照我从法国发去的旨意，在阿根廷用自己的眼睛替我的眼睛工作。他寻找目标，找到它们，进行观察，然后把观察记录及新发现的东西寄给我。我收到后，先观察好，再出去寻找，最后，正是通过信件联系，我们俩一起找到研究对象。

这一步工作就完成了；之后，又多亏这位杰出合作者的帮助，我乘上了“魔毯”；而眼下，我已经身在阿根廷共和国的潘帕斯草原，正迫不及待地着手进行一项工作，即，对照研究一下法国塞里涅食粪虫及其身处另一半球的竞争者的技艺。

工作伊始，令人振奋！第一个让我巧遇上的，正好是米隆食粪虫①。这昆虫外观华美，一色青黑。

雄虫前胸突出，形同岬角，头顶壳是宽阔扁平的短角，短角前沿呈三齿状。雌虫头顶壳上，只有些简单的皱褶。不论雄虫还是雌虫，头顶壳的前端又都长出一对小尖角，这既是有力的挖掘工具，又是用于切割的手术刀。它那短粗敦实的四方体形，叫人想起了法国的一种橄榄树虫，那是生活在蒙彼利埃附近的一种罕见昆虫。

如果形体相似则技艺相仿，那末可以断言，既然橄榄树虫制造短粗血肠状产品，米隆食粪虫也应该制造同样形状的产品。啊！其实不然。遇到这类与本能相关的问题，形体结构是靠不住的提示要素。这方背短爪的食粪虫，所精通的是制造葫芦形产品的技艺。圣甲虫制作的类似产品，形状不如米隆食粪虫的规则，而且也没有那么大的体积。

别看这虫类形体短粗，出手的作品却精雅超凡，令我赞叹不绝。其作品透着无懈可击的几何学原理：这颈部不甚细长的葫芦体，起码显示出了优美与力量的结合。看上去，它仿佛是以印第安人的某个葫芦容器为原型制作的，然而比原型精湛得多。小葫芦的颈口是半开着的，壶肚上刻有精美的格状饰纹。这纹络其实是虫爪跗节留下的印迹。看到米隆食粪虫这作品，有人会把它当成套着细篾编织套的水壶。

想到工匠那副笨拙的肩背，你会更加感到这工艺制品的别致与完美。的确，事实再一次证明一个道理：绝不是工具造就工匠。食粪虫类和我们人类，无一不是如此。指导模工从事创造的，是一种比成套工具优越的东西，即我称之为“能耐”的东西，也就是虫子的天才。

米隆食粪虫蔑视困难。甚至，它也在嘲笑我们的昆虫分类法。称其食粪虫，意即粪类的狂热朋友。但这既不反映它的习性，也没反映其后代的习性。米隆食粪虫需要动物死尸的血脓。人们恰恰是在禽鸟狗猫的尸骸下见到它；和它在一起的，是那些素有葬尸工之称的另一类昆虫。前面描绘过的那只小葫芦，就是横卧地面，遮掩在一堆猫头鹰尸骸下面的。

解释这一情况的人会认为，米隆食粪虫的特征，体现着食尸虫的胃口与金龟子的才能的结合。

圣　　甲　　虫

蝉 和 蚂 蚁

但我不敢苟同这种说法；须知，有些虫类的食性很让人捉摸不透，大概根本无法只凭它们的外观来主观臆测。

我家那一带，只有一种食粪虫，而这惟一仅有的所谓食粪虫类，恰恰也是尸体残骸的开发利用者。它是一种形体椭圆的食粪虫，经常光顾死鼹鼠和死家兔。然而小矮子葬尸工，却并不因为热衷于腐肉，就不沾粪类食料的边；它也和其他一些食粪昆虫一样，在粪料上大摆筵宴。这其中也许存在两份专门食谱：供成虫享用的是粪料圆球蛋糕，供幼虫享用的是高级腐肉蜜饯。

其他种类的昆虫，也存在食性虽异，但事理相似的情况。捕食类的膜翅昆虫，自己畅饮从花冠深处汲取的蜜汁，但是用肉质食料喂养后代。同是一个胃，幼虫时代吃猎取的野味，成虫时代吃糖食。照此看来，它们的消化囊必须在生命中途发生转变才行！到最后，比我们人类强不了多少，一旦步入耄耋之年，它们的消化囊就对年轻时代大嚼快咽的食物不感兴趣了。

我们现在进一步考察一下米隆食粪虫的工艺制品。我所见到的小葫芦，都是干透了的，差不多和石头一般硬，外观变成了淡咖啡色。用放大镜观察，无论内层还是外表，都没有一点儿木质成分。如有木质，便可以证明是畜草的残留物质了。因此，这奇特的食粪虫类，使用的不是牛粪饼或类似材料；它们加工出的，分明是别的材质的产品，那种材料乍辨认起来，还颇有点儿困难哩。

把小葫芦抓在耳边摇一摇，里面有东西在轻微响动，就像摇晃内核松动的干果壳时发出的响动一样。里面或许是干缩了的幼虫？或许是死虫子？我满以为会是这么回事；结果却上当受骗了。里面那东西，远比想象的更让你长见识。

我小心翼翼地用刀尖划开小葫芦。表皮之下是一层质地均匀的内壁。手头三只样品，其中最大的一个，内壁厚度达到两厘米。内壁的里面，包着一个刚好填满葫芦腔的球状物，它和内壁之间没有任何粘连。看到球形内核与周围包壁之间保留着少许空隙，我明白了摇晃葫芦体时发出撞击声的缘故。

从球形内核的颜色和整体外观上看，它和外壳属于同一物质。把它砸开，再清除碎皮，结果发现，里面原来是些金黄色的小碎块，还有些小绒絮团、毛皮丝和细肉渣，它们掺杂着裹在湿泥团里，酷似果仁巧克力。

我在放大镜下把这些尸体碎屑挑拣出去，然后把泥团放在煤火上烧烤。泥团变得黢黑，随后鼓起一层发亮的泡皮，紧接着又喷发出呛人的烟气，闻得出是烧灼动物的气味。由此得知，整个内核是浸透了血脓的泥团。

用同样方法，把包裹泥团的葫芦形外壳也烧烤一下。外壳也变黑了，但黑得不那么厉害；有少量烟气释放出来，没有泡起乌黑发亮的膜皮，而且外壳质地中丝毫没有内核里的那些尸体碎屑。经过烧烤之后看出，几只小葫芦的残留物都是颜色发红的黏土。

通过这样一番简单的分析处理，我们对米隆食粪虫的食物烹饪术有了认识。它们为幼虫准备的美味，居然是一种肉末香菇馅饼……它们是用头顶上的两把解剖刀和前爪上的锯齿刀，把所有能从尸体上割下来的东西切成碎块，做成肉馅，其中包括毛绒、脆骨渣和皮肉丝。刚拿到火上的时候，这份烩烤野味还是蘸足腐肉汁的细黏土胶状物，经烧烤后已变得如砖块一样硬。包着肉末香菇馅饼的夹层黄油面粉球形盒，烧烤后成了土质与香菇馅饼的黏土相同的土壳。土壳不如固体化肉汁做的内核营养丰富。

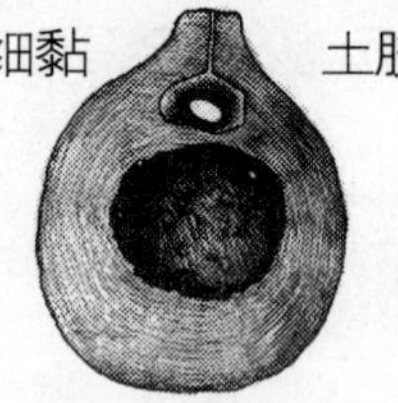

糕点师傅能给糕点做出精美的花样；他用蔷薇花饰、卷缆花饰，或者西瓜表皮斑纹状的子午线条，装饰自己的作品。米隆食粪虫对这门烹饪美学并不陌生。它把盛放馅饼的盒子，做成了华丽的小葫芦，外表还装饰了指纹的格状纹饰。

外壳只是没有营养的硬皮，几乎未蘸上一点儿有滋味的肉汁，我猜想它不是供幼虫消费的。幼虫阶段的末期，小虫胃口泼辣起来，不怕菜肴粗糙，它那时从糕点外壳的内壁上刮点儿什么吃吃，倒也是很有可能的事。然而就整体而言，直到成虫脱颖而出之日，小葫芦都保持完好无损。最初，它起到馅饼保鲜的作用；以后的全部过程中，它又要为里面的葫芦隐士充当保护壳。

冷馅饼上方，正好在葫芦颈根基部位，造有一间圆形隔室，其黏土墙壁是从葫芦壁整体上延伸而成的。隔室与食品储存室之间，隔着一道厚度相当的黏土壁板。小圆隔室就是孵化室，卵就产在那里面。我是回过头再查找的时候，在小隔室原处发现有卵的，但那卵已经风干了。小虫在孵化室出壳后，先要打开上下两层房室之间的隔门，才能钻到食料团那里。

幼虫在食料团之上的隔室里问世，与食料团是隔绝的。初生的幼虫，要在合适的时候，靠自己钻透食品罐头的封盖。没多久，小虫爬到了肉馅团上，到那时你再看，隔板上钻出一个幼虫刚好可以通过的小洞孔。

由于四外都有厚实的陶瓷包装，在孵化所需的漫长过程中，油肉食料始终不会腐败变质。关于孵化过程的细节，目前尚不清楚。但可以断言，居住在同样是用黏土建造的小隔室里，虫卵是安然无恙地静卧休息的。真做到了万无一失，到此为止的一切条件，都是按最高规格创造的。米隆食粪虫深谙构筑防御体系的奥秘，深知过早出现蒸发会给食品造成危害。除此之外需要解决的，还有破卵而出后幼虫的呼吸问题。

这虫类解决幼虫呼吸的方案，同样巧夺天工。它沿着葫芦颈的轴心线，开出一条细细的通道，细到只能插入一支最细的麦秆。这条细通道的内口，开在孵化室顶部；外口开在小葫芦尾突末端，呈半张开的喇叭口状。这就是空气通道。通气道极其狭窄，而且里面设置了似堵非堵的尘土颗粒，这样就防止了来犯者入侵。虽然天真，但是绝妙！我当即发出赞叹。难道赞叹不对吗？如此建筑，却是一种无意之中获得的成果，确切些说，是具有独特清醒性的盲目行为的偶然产物。

这呆头呆脑的虫类，它究竟是如何出色完成这样复杂而精妙的建筑的呢？我一直是借着中间人的眼睛考察潘帕斯草原，因此，眼前能为我解答这个问题提供启发的，只有这建筑作品本身的结构。根据这结构，工匠的施工方法，可以出入不大地推断出来。我对建筑工作的程序，做了如下推想。

一具小动物尸体被发现，体液已经浸软它身下的黏土。米隆食粪虫前去收集湿土。至于收集多少，要看浸软的土有多少，并无精确限量。尸体下面这可塑性建筑材料如果很充足，建筑时就可以大量消耗，其结果只会使葫芦形食品盒益发坚固。这样就出现了超出尺寸规格的小葫芦，体积比鸡蛋还大，外壳厚达两厘米。可是，由于超出了模工自身力量的限度，这一类球块加工得比较粗糙，遇上超难度劳动时的那股吃力劲儿，依然保留在模制品的外观上。如果可塑性建材很匮乏，那末昆虫模工就会把能够收集到的材料，用在最需要的地方。在这种情况下，它的行动非常自如，制作出的小葫芦也就富于精妙绝伦的规则性。

很可能，米隆食粪虫先把湿黏土揉成球；而后再用前爪摁压，用头上尖角铲挖，把泥球掏成厚实的大口酒杯。蜣螂和金龟子就是这样办的；它们在小圆丸的顶部制成一只小碗，把卵产在里面；然后立即把它们的卵形巢和梨形巢最终加工成型。

在这第一阶段的忙碌中，米隆食粪虫只是个简单的制陶工。只要具备可塑性，什么黏土都不嫌弃，尸体体液浸润的黏土本来也无营养可言。

现在，它又干起了肉食师傅。它挥舞着锯齿刀，又砍又锯，从动物腐尸上搞到一些小渣块；然后把自认为最适于给幼虫制做美味佳肴的东西，拽过来切碎。经过一番挑选，它又从血脓最足的地方收集来软泥巴，与腐尸碎末掺和在一起。调制考究的大杂烩，就地取材而做成食料球，不用像其他一些食粪虫类，配制食料丸时要滚成球。食料球的额定份量，是按幼虫的需求量来计算的，因此球体几乎总是一般大小，与小葫芦最终形成多大体积无关。

如此这般，肉馅团做好了。米隆食粪虫把它安置在已经准备好的黏土大口杯里。肉馅团在安置过程中未受挤压，不会和外壳发生粘连，因此在以后的时间里，始终可以灵活转动。这时候，制陶工作再度开始。

这虫类推压宽大厚实的黏土杯边缘，使之逐渐延展到肉馅团上面，最后把肉馅团包裹起来。肉馅团顶部的黏土壁较薄，其他部位的黏土包层则很厚。幼虫将来要穿透顶壁，才能抵达食料储存室。考虑到那时的小虫还很娇弱，这虫类此时先在薄顶壁上造出一个牢固的环形黏土圈，随后再把黏土圈加工成空心半球。与此同时，它把卵产在空心半球里。

收尾工作开始。这虫类摁压小半球的边缘，使开口向内收拢，最后封顶，孵化室随即告成。这项工作，自始至终需要分寸感极强的灵巧。因为，加工小葫芦尾突部位时，必须一边压塑建筑材料，一边留出轴心线上的微口径通气道。

挤压力量只要出现一次计算失误，狭窄通道就要发生无可挽救的堵塞。我认为，建造这通道是极其艰难的工作。人类技术最熟练的制陶工，大概也得求助于一根针，否则这项操作无法坚持到底；只有待操作结束后，再把针抽出去。而这虫类，却是一架节肢构造的自动工作机，可以毫无意图地建造出穿越葫芦体尾突高地的暗渠。如果它是有意图的，那末，也许它就不会成功。

小葫芦既已制成，余下的就是装饰它了。这是一项需要非常耐心去做的整修工作。通过整修，葫芦形体的曲线变得更加完美，柔软的黏土表面还点印上指纹图案。这指纹图案，酷似史前人类制陶者用拇指按压后，分布在大肚瓮表面的指纹图案。

制作过程到此全部结束。米隆食粪虫要到另一具尸体下面去重新开始工作，须知，每处巢穴只设一只小葫芦，绝不多造一只。这种作法，和圣甲虫制造它的小梨时是一样的。

①米隆食粪虫(Phanée Milon)：准确汉语译名待考。法布尔为研究这种昆虫，亲自跑到了南美洲。

节译自原著第6卷《潘帕斯草原食粪虫》

埋粪虫与环境卫生

LES GEOTRUPES

能够以成虫形态轮回一年，每次新添家口时被后代簇拥在当中，亲眼看着家庭成员数量翻一两番，这在昆虫世界，实属极其例外的特权。蜜蜂这本能贵族，蜜罐盛满之日，便是一命呜呼之时；堪称服饰贵族的蝴蝶，在风水宝地固定好成团的卵粒后，也就溘然离世了；披挂着厚厚护胸甲的步甲虫，将一代后嗣之种子播撒在碎石下，事毕，自己就再也支持不住了。

多少昆虫都基本如此，惟独那类具备社会性的昆虫比较特殊，它们的母亲要么能单独幸存下来，要么是在侍从的服侍下得以长寿。普遍存在的规律是：昆虫从诞生那天起，就成了丧失父母的孤儿。然而我们这里将看到的，是一种有悖于普遍规律的意外情况：滚粪球的卑贱者，躲过了饿杀高贵者们的残酷法则。食粪虫类拥有充分的时日，最后终于变成族长。再说，它是做出过奉献的，也确实配得上这地位。

有一种环境卫生工作，要能够在最短期限内，把一切腐败物清除干净。巴黎至今没有解决令人生畏的垃圾问题，这早晚要成为那座特大城市生死攸关的大问题。人们甚至产生这样的疑虑：照此下去，会不会在某一天，土壤中的腐败物质已达到饱和程度，臭气散发出来，将那放射光明的中心熄灭。拥有财力智力宝库的几百万人口的大城市难以企及的，乡间小镇无需花钱，甚至不必经心，便轻而易举地办到了。

大自然为农村清洁卫生倾注大量心血，对城市福利却不屑一顾，当然还说不上是敌视。大自然为田野安排了两类净化器，它们无论在什么情况下，都不会疲劳、报废。第一类净化器包括苍蝇、蜣螂、葬尸虫、皮蠹和食尸虫类，它们被指派从事尸体解剖工作。它们把尸体分割切碎，用嗉囊细细消化肉末，最后，将其再归还给生命。

一只鼹鼠被耕作机具划破肚皮，已经发紫的肠肚脏腑玷污了田间小道；一条横卧草地的游蛇被路人踩烂，此人还以为做了件大好事；一只没毛的雏鸟从树上窝里掉下来，落在曾一直托举着它的大树下，惨不忍睹地摔成了肉饼；成千上万的类似角色，出现在田野的各个角落。如果谁都不去清理它们，污秽和臭气就要使环境遭到破坏。然而你不必担心。这类尸体刚刚在哪儿出现一具，小小收尸工便蜂拥而至了。它们处理尸体，掏空肉质，只剩骨头；至少，也可以把尸体制成风干的木乃伊。不到二十四小时，鼹鼠、游蛇、雏鸟，一切都不见了，卫生状况着实令人满意。

第二类净化器，工作热情同样高涨，村镇上几乎见不到氨气刺鼻的茅厕了。这种状况如能在城市出现，我们的难言之苦也就立即消除了。当农民想独自一人呆一会儿的时候，随便一道矮墙，不管是一排篱笆还是一排荆棘丛，都可以成为他所急需的一处避人场所。不言而喻，在这等无拘无束的地点，你会撞见什么东西。陈年石堆上那些苔藓花饰、青苔靠垫和长生草穗，以及其他那些美丽的装饰，吸引你走过去，来到一堵加固葡萄树根土的装饰墙前。好家伙！就在布置得如此优美的掩蔽所的墙脚一带，有一大摊可怕的东西！你拔腿便走，什么苔藓、青苔、长生草，一切都吸引不住你。不过，你明天再来。当你再度光顾这里，那摊东西不见了，那块地方干干净净。原来，食粪虫已经到过此地。

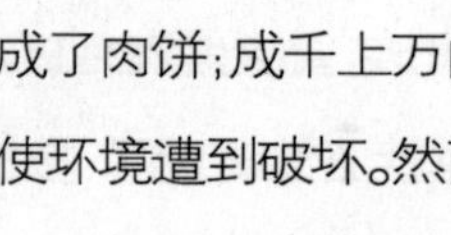

对忘我工作的食粪虫类而言，防止屡屡出现的有碍观瞻的场面被人们撞

见，这仅是次要职责；它们还肩负着更崇高的使命。科学证明，人类最可怕的灾祸，都在微生物中埋有自己的祸因。这类微生物与霉菌相近，属于植物圈的最外缘生物。流行病发病期内，病菌在动物的排泄物中迅速大量繁殖。它们污染空气和水，这都是生命的第一食粮；它们散布在人的脏衣物、着装和食品上，将传染病传播开来。为此，必须用火焚烧，用腐蚀剂消毒，凡是染上病菌的东西务必深埋于地下。

为慎重起见，连垃圾也绝不能积存在地面。垃圾是否无害？是否有害？不管问题的结论如何，都以令其消失为上策。古代人的头脑，似乎已经领悟到应该这样做，他们所处的年代，远远早于细菌开始教导我们保持警惕的年代。比我们更易于受流行病威胁的东方人，早已在这方面认识到某些不容置疑的法则。摩西①显然是传播古埃及这方面科学的人，他在自己的人民游走阿拉伯大沙漠之际，便以法典形式，规定了处置这种污染物的方法。"当你产生自然而然的需要时，"摩西说道，"走出营地，带上一根尖头棍，在土中剜一个洞，完事后再用剜出的土，把污秽之物掩盖起来。"②

正可谓，解决的是重大问题，采取的是天真对策。可以相信，如果大规模朝觐克尔白圣庙期间，伊斯兰教也采取这项预防措施或类似措施，那末，麦加就不再会年年发生霍乱，欧洲也无需再沿红海诸河设防，阻止从那里蔓延开来的瘟疫。

法国外省农民，也像自己祖先中的一支——不为卫生问题发愁的阿拉伯人一样，从来不知天下有粪便垃圾的灾难。食粪虫在那里卓有成效地工作，它是摩西训诫的忠实遵从者，所做的正是清除劣迹和掩埋带菌物质。一有情况，它便携带着自己的挖掘工具跑上前去。以色列人急需方便时跑出营地，腰间带着的是尖头棍；食粪虫的工具可比那尖头棍高级。人刚一离开，它那里一口竖井已经挖好；恶臭污染物一股脑儿滚进去；自此再无传染性可言。

这些掩埋工提供的服务，对原野卫生意义重大；而我们，则正是这持之以恒的净化工作的主要受益者。然而，我们遇到这些忘我的劳动者，投去的只是一种轻蔑的目光；不仅如此，还用民众俗语给它们起了种种难听的名字。这仿佛成了一条规矩：做好事的，到头来要受鄙视，背上臭名，挨石头砸，被脚后跟碾得粉身碎骨。蟾蜍、蝙蝠、刺猬、猫头鹰，还有别的一些动物，它们都辅助人类工作，却无一不遭到同样的悲惨下场。殊不知，它们为我们服务，可要求我们的只是多少能手下留情而已。

阳光下，垃圾恬不知耻地摊在那里。保护我们免受垃圾危害的，有各种各样的卫士。我们地区的名叫埋粪虫的虫类，是它们中的佼佼者。埋粪虫类并不比其他昆虫卫士勤快多少，它们能干重活儿，是因为生就了一副好身板。再者，它恢复体力很容易，我们见了就恶心的东西，它吃起来津津有味。

我家附近，从事这项开发工作的有四种埋粪虫。其中两种是罕见虫种，用来做跟踪研究的对象不合适。另两种恰好是常见虫种：其一为粪生金龟，其二为假金龟。两种常见埋粪虫，背后都是一色的瓦蓝甲壳，胸前露着华丽的衣装。令人惊讶的是，这些专职淘粪工身上，居然藏着如此珍贵的珠宝首饰盒。粪生金龟的前胸，紫水晶一般光彩夺目；假金龟的前胸，黄铜矿一般金辉映耀。寄居在我笼子里的，正是这两种食客。

让我们先见识一下它们干掩埋工的本事。两种埋粪虫混养在一起，每只笼子里十二只。平日里，投放食料是没有限量的。可今天，我已事先把吃剩的食料清理干净，目的是要看看一只埋粪虫在一次表演中，究竟能埋藏多少东西。夕阳西下，一头骡子在门前排出一大堆粪球。我把这堆粪球统统倒给笼子里的十二个囚徒。这一堆够得上丰厚了，足足有一篮子。

第二天早上，骡粪已经全部消失在地下。地面上除了一些残渣碎末，再看不到别的粪料。假

设每只埋粪虫的工作量相等，那末我估计，十二只埋粪虫，平均每只往地下仓库搬运的货物，几乎有一立方分米之多。这虫类本身就很笨重，可是还要掘建仓库，还要把采集到的食物搬运进去，想到这里，我不禁赞叹：十二只埋粪虫，竟干出了提坦神③的业绩，而且是一夜之间干完的！

食物这样富足，它们该守着财富呆在地下了吧？唔，根本没有那回事！它们呆在地下，只是因为现在还阳光明媚呢。黄昏到了，宁静而温馨。现在正是大飞跃、齐欢唱的时刻，正是到远处去觅食的时刻，那边有畜群过往的道路。此时此刻，我的笼中食客也正在离弃地窖，一一爬到地面上来。我听到它们的响动。它们爬上笼网，冒冒失失地撞在壁板上。黄昏时分出现这番活跃，是意料之中的事情。我白天已经收集好食料，仍然像头一天那么丰厚。这时候我把食料投放给它们。到了夜里，粪堆又不见了。第二天再看，笼中场地又清理得干干净净。只要傍晚天气好，我总能找来畜粪，供应这些贪得无厌的攒财迷。照此下去，那场面会没有终结地反复重现。

埋粪虫尽管拥有储量这么富足的食品，却总是在太阳落山时离弃食品库，借着白昼的余辉嬉戏，然后着手寻找一处新的开发场地。可见，对埋粪虫而言，已经得到的算不了什么，惟即将获得的才有价值。那末，它每到黄昏就建造新仓库，到底用途何在？根据我的观察，这粪生昆虫一夜之间消费不了这么多的食物。它只管一味地收集，仓库积压起超量的食品。财富多得不得了，根本派不上用场。然而这囤积居奇的虫类，并不因为仓库暴满而心满意足，每晚仍挖埋不息，为其仓储而劳其筋骨。

食品仓库分布在各个地点，无论埋粪虫偶尔碰上哪一处，都可以从中提一点儿货，聊作白天的便餐，其余用不上的，一概抛弃。白白扔掉的货物，几乎等于储藏食品的总量。从我这些笼子的情况来看，埋粪虫那掩埋工的本能，要比它那消费者的胃口更迫不及待。笼子里的土层迅速增高，我必须一遍又一遍地铲除表层土壤，使之不断恢复到合适的水平。当土层最后铲光时，我发现土下充塞着一团团原封未动的粪料。最初的土壤，现在已经变成土、粪难分的集成层块。如果想使以后的观察不受妨碍，需要大幅度清筛土层。

粪料是很难用精密量具称量的。当分成若干等份时，不是这份多点儿，就是那份少点儿，总难免出现误差。然而通过这项调查，有一点结论是明确的：埋粪虫是狂热的埋藏者，它搬入地下的东西远远超出消费需求量。埋粪虫从事的这样一项工作，是由协作程度不等，行动规模不一的劳动者集体进行的，显而易见，这会在很大范围内产生改良土壤的效果；况且，有这样一支协同作战部队出大力，对环境卫生也是件值得庆幸的事。

植物，以及由植物引起连锁反应的大批生命物，都因这些掩埋工而受益。埋粪虫头一天埋入地下，第二天立即放弃的东西，并没有丧失价值，而且永远不会丧失价值。在整体世界的总结算单上，任何东西都没有损耗，那清单的总量是恒定不变的。昆虫埋藏了小粪块，日后将有一簇禾本植物因此而长得油绿油绿。一只绵羊经过这里，将这青草叼剪而去。结果，羊的后腿长肉了，这何尝不是人所希望的呀。食粪昆虫的工业，最终转换成我们餐叉上的一口鲜美的肉。

①摩西(Moïse)：犹太教、基督教圣经故事中犹太人的古代领袖，带领埃及境内的犹太人迁回故土，是战将、政治家、道德家和立法者。
②参阅《摩西五经·经五》第一百二十三章第十二、十三节。(法布尔原注)
③提坦神：希腊神话中十二位力士神的总称，他们是天神和地神所生的六男六女，经常被派遣完成繁重的体力劳动。

节译自原著第5卷《埋粪虫与环境卫生》

食尸虫埋肉

LES ONTHOPHAGES

附近有位种菜人，每星期两三次来我家，弥补这里几十公亩碎石地之贫瘠造成的匮乏，把土质较好地方生长出来的蔬菜捎给我一些。我向他说明急需数量不限的鼹鼠；于是我们订立了君子协定。此人每天用陷阱和铁锹，同那些把作物搞得一塌糊涂的讨厌鬼挖掘动物作斗争，因而他是最合适人选，能够为我提供眼下最急需的，比芦笋和牛心菜更宝贵的东西。

开始，这实诚人觉得我的请求很好笑。他所惊异的是，我竟把他深恶痛绝的“达尔包安”①看得那么重要。最后他答应了我的请求，但心里依然暗自盘算，认为我大概要用绒质柔软的鼹鼠皮制作什么上好的法兰绒内衣，猜想准是这东西对风湿痛有好处。事情就这样说定了。至关重要的，是我要能得到“达尔包安”。

鼹鼠按时送到，每次两只，三只，或者四只，都用几片菜叶包好，放在园艺筐的筐底上。对我的古怪愿望，这好心人报之以如此慷慨而美好的恩赐，自己却从来不考虑比较心理学该欠他多少恩情债。不几天，我已成了拥有三十来只死鼹鼠的人。鼹鼠随到随放，分布在各处，都是墙围子里没有植被的光秃地点，前后左右长着迷迭香、野草莓和熏衣草。

这之后就尽管等候好了，每天只要多跑几趟，察看一下小尸体下的情况就行。但这毕竟是桩令人恶心的苦差事，能叫血管里没有燃烧着圣火的人见了就跑。全家人当中，惟独小保尔帮助我，用他敏捷的小手去抓四处逃窜的虫子。我曾明确告诉过他，要干昆虫学这一行，就必须具备天真。我从事着与食尸虫打交道的严肃工作，当助手的只有一个孩子和一位文盲。

由于有小保尔和我轮流察看情况，我在现场守候的时间并不算长。天上吹来四面八方的风，把堆尸场的肉香送到四周去，收尸工们纷至沓来。试验开始时来了四只食尸虫，到后来已经有十四只了。以往捉到的全部食尸虫加起来，数量也没有这么多。想当初，捕虫工作都没有事先策划，也没有一次使用过诱饵。我今天这套设陷阱的办法，果真成效显著哩。

展示关在笼内的那些捕虫成果之前，我们先花点儿时间，转而谈谈正常状况下食尸虫的工作情况。这虫类不是经过挑选来确定自己所要的野味肉，不是像捕食性膜翅昆虫那样量力而取，它赶上什么要什么。它所觅得的食物，小有鼩鼱，中有田鼠，大有鼹鼠、阴沟鼠、游蛇等。后面这些大家伙，已经超过一个掩埋工的挖掘能力。大多数情况下，搬运根本不可能，因为沉重的物体与虫类马达的负荷功率不成比例。这虫类惟一能办到的，只是后背使上劲，让重物产生些微颤，如此而已。

胡蜂、砌蜂也好，土蜂、蛛蜂也罢，都是在自己觉得合适的地方挖地穴，然后把捕获物飞运到那里，或者当捕获物过重的时候，把它徒步拖到那里。食尸虫的劳动可没有这么轻松。它不定在哪儿碰上个庞然大物，但没有能力运输，只得就地挖坑。

这无法选择的安葬地点，可能位于疏松土壤带，也可能处在多石地段；那地方也许是一小片露天地皮，也许是覆盖着草皮的土地，更有甚者，也许是交织着狗牙根细短根须的结实土块。碰巧时，也会有贴地而生的矮荆棘丛，将小尸体托悬在离地面几英寸高的位置上。哪位种园子的，断送了一只鼹鼠的前程，随后用铁锹把死东西抛出去，说不定落在什么地方。不管落点那里会形成怎样的障碍，只要不是不可克服的，那末掩埋工都得利用这地点。

想到埋葬过程要遇到各种各样困难，我们就可以估计到，整个工作当中，这虫类不可能只采用一成不变的方法。既然它已把命运交给了无法意料的运气，那末就应该尽量利用自己微弱的判断力，能动地调整自己的具体对策。锯，折，抽，抬，摇，挪，这诸种方法，都是掘墓工遇到难题时用得上的。假如不运用这些招术，只靠单打一的方法，那末这本来是非它莫属的职业，恐怕它也就难以胜任了。

至此已经可以看到，根据一个似乎与理性作用关联，有预定意图介入的孤立事实下结论，应该说是不严谨的作法。昆虫的一切行为，无疑都有其存在的理由。然而，虫子事前是否要先判断一下自己行为的时机分寸呢？让我们从认真了解工作全过程入手，同时做到让每个证据都有别的证据作验证。随着我们这样做下去，问题的答案也许就已经找到了。

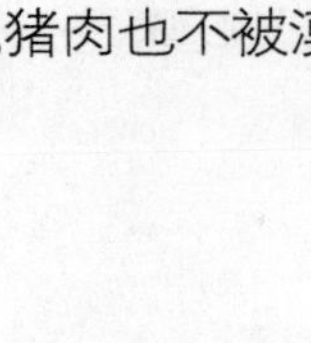

先看看食物。身为环境净化器的食尸虫，不拒绝任何尸体恶臭。一切野味肉食都对它有益，无论是生羽毛的还是长绒毛的，只要其体积重量不超出它的力量限度就行。两栖动物和爬行动物，也是它积极开发的对象。有些寻获物，很可能是它这个虫种未曾见过的东西，它也毫不犹豫地接受，例如某种红鱼，即中国的金鱼。金鱼一放进我那些笼子，立即就成了极受欢迎的肉块，并且照老规矩埋进土地。猪肉也不被漠视。至于刚好开始变味的羊排骨和牛排碎段，则更被它像对待鼹鼠和老鼠那样，郑重其事地埋入地下。一言以蔽之，食尸虫没有专一偏好，一切腐败肉质，它都藏到地窖里去。

维持食尸虫的工业，绝不给我们造成任何困难。一种野味短缺了，另一种野味，哪怕是头一次见到的，便可以用来做替代品。厂房问题也不复杂，一只宽敞的钟形笼足矣。笼子放在一个盛满新鲜沙土的瓦罐上，沙土要墩实，高度到罐口为止。野味肉食会把猫勾引来，为了免遭猫的祸害，笼子可以放置在一个封闭的玻璃罩里。玻璃罩冬天可以用来罩护植物，夏天可以用来做虫子实验室。

再看看操作。死鼹鼠卧在笼内围场中央。质地均匀的疏松土壤，为食尸虫顺利工作创造了极好条件。与尸体同在的是四只食尸虫，其中三雄一雌，它们蜷缩在尸体下，人们看不见它们。那鼹鼠好像在活动，其实是几位劳动成员用脊背把它拱得上下颤动。不知道怎么回事的人，会为此大吃一惊，以为死东西竟自己动起来了。随着工作的进展，掘墓工中的一位，它几乎总是只雄虫，从下面钻出来，绕着尸体转，掀动鼹鼠的绒毛，勘察体位状况。完事后，它又急匆匆地钻了回去。过一会儿再钻出来，重新了解情况。接着，又溜到尸体下面。

尸体颤动得更厉害了，左右摇摆，上下颠抖；与此同时，从坑里推出来的土在尸体周围堆成一圈。凭借尸体自身的重量，加之忙碌不停的掘墓工在下面努力，鼹鼠在支撑物被不断挖掉的情况下，一点儿一点儿地下沉，一次又一次地落在新挖成的坑底上。

不久，在不见身影的挖土工的推顶下，鼹鼠周围的沙土颤动起来，随后塌落进坑里，把坠入其中的尸体掩盖起来。这是一种暗中进行的下葬。尸体仿佛是自己消失的，就像在一片流体物质的涡流中心被吞没了。此后很长时间，直到食尸虫认为深度足够以前，尸体还将继续下沉。

总而言之，工作十分简单：随着掩埋工们在前面向深处掏空穴土，以及陷入其中的尸体被摇动、拉拽，后面的沙土受到振颤，出现塌陷；于是，掘墓工不必插手，沙土便自己填满了墓穴。有尖爪充当性能良好的铲子，有强劲脊背拱得土壤微微振颤，这些就足够了，干这行无需更多的东西。此外还有一个关键，那就是频频晃动死者的技术。这项技术可以最大限度地压缩死尸的体积，从而使它在坑穴口径较小的时候，依然得以向下通过。过一会儿，我们还会看到，在食尸虫的工业中，这项技术具有头等重要的作用。

鼹鼠虽然消失在地下，但仍远远没有抵达预定深度。这道工序的活儿，就让收尸工们去干吧。它们此刻在地下，依然继续做着在地面时的工作，没有什么新内容。我们等两三天再看。

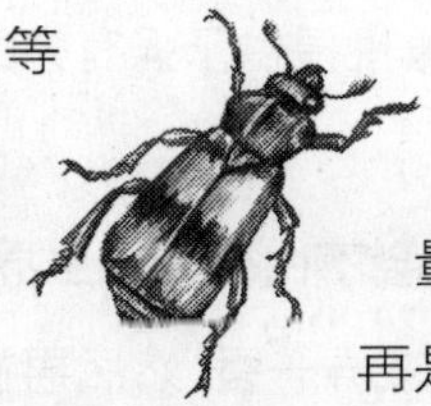

好，我们等待的时刻到了，让我们了解一下地下发生的事情，察看一下公共尸坑吧。我不再邀请任何别人前往挖看尸坑，因为在我身边的人当中，只有小保尔有胆量助我一臂之力。

鼹鼠已不再是鼹鼠，而成了一团暗绿色的可怕的东西，散发着恶臭，绒毛脱得精光，蜷缩成圆溜溜的肥肉饼。这圆肉饼不太厚，一定是像厨娘手下的肉鸡一样，经过精心摆弄后才变成这种形状的。尤其是皮毛脱得精光这一点，更说明它经过了精心摆弄。这是为避免废毛料日后妨碍幼虫进食而采用专门烹饪方法做成的吗？要么是腐败作用造成的并无既定目的的掉毛现象？这一点我至今说不清楚。挖看尸肉的时候，从第一个尸穴到最后一个，里面的情形都一样，生绒毛的野味肉没有了皮毛，长羽毛的野味肉没有了羽毛，就连翅膀和尾巴上的粗羽也都不见了;只有爬行动物和鱼类仍保留着鳞片。

我们再看这相当于鼹鼠,但外形已无法辨认的肉团。肉团安置在宽敞的地下藏尸室里,四下是封闭的墙壁,这地方是可以与蜣螂的面包房媲美的名副其实的作坊。脱净皮毛的松散肉絮团,原封未动地储存在那里。掘墓工都没去开启包装,这是留给子女的家产,而不是父母的食品。为维持自己的体力,父母们最多只在涌出的血脓上吸几口罢了。

在一旁看守并捏揉着肉团的,只有两只食尸虫,即一对夫妻,再没有其他同类。挖坑的时候,分明是四只虫子在通力合作;那末另两只雄性怎么啦?后来我发现,那两只雄虫与肉团保持一定距离,在接近地面的土层里蜷缩着呢。

这样的情形,并不是哪一次观察到的。每次掩埋尸体,都看见雄性充当主力,它们热情高涨,不久就结束了下葬工作。可是在藏尸室里,却只看到一雌一雄。其他雄性提供了强有力的援助后,便悄然撤离了现场。

实际上,掘墓工们都是家庭的杰出父辈。和它们在一起,我们会不由得对昆虫界父亲不分担家庭义务的普遍法则,产生极大的反感。按照那条法则,母亲要先被戏弄一番,然后再被抛弃,去全身心地关照子女的命运。在昆虫社会的其他宗族里,雄性是游手好闲的懒汉;在食尸虫这里,它们却是拼命工作,吃苦耐劳的硬汉。它们有时在为自己的家庭劳动,有时则是为着别人的家庭,但却从不计较什么。正当一对夫妻遇到难题的时候,野味肉的香气将信息传递出去,不久会忽然赶来几个帮手,充当夫人的侍役。来者溜到尸体下面,用脊背和爪子从事工作,把尸体埋进土里,完事后随即离去,留下本户男女主人

在那里尽享欢乐。

夫妻俩再花上大量时间，互相配合着，摆弄尸肉，脱净皮毛，然后捆扎成型，让肉团变成适合幼虫口味的多味熟食。一切就绪，两口子钻出地面，就此分道扬镳，按各自心愿再到别的地方，重新开始埋尸工作，或起码可以去充当那种不计报酬的帮手。

父亲为子女的未来操心，以自己的劳动为后代留下财富，这样的实例我至今碰到过两种：一种是某些开发粪料的昆虫，另一种就是开发尸体的食尸虫。这淘粪工和收尸工的习俗，真可谓模范习俗。相形之下，我们所谓的纲常美德将无地自容！

①达尔包安：当地人对鼹鼠俗称的译音。

节译自原著第5卷《食尸虫》

金步甲的婚俗

LE CARABE DORE

举世公认：金步甲是消灭毛虫的能手，的确无愧于园丁的称号；它保护菜园、花圃，是警觉的乡野卫士。我的研究并不是从这方面入手，不会为金步甲由来已久的美名锦上添花，但我却至少可以通过后面的内容，向大家揭示这虫类至今鲜为人知的一个侧面。这残忍的吞噬者，吞吃力所能敌的一切猎物的怪兽，自己最终也被吃掉了。被谁吃掉了呢?被它自己和它那些同类。

一天，门前梧桐树的树荫下，一只金步甲正匆匆经过。前来朝圣者是受欢迎的，它一定可以起到使笼中居民加强统一的作用。我把它拾起来，这才发现，它的鞘翅末端受了轻微损伤。是不是情敌之间争斗的结果?看不出有这种迹象。最要紧的是，但愿它没有遭受什么重创。经查无伤，可以利用。我把它放进玻璃住宅，为已经占用居室的二十五只金步甲作伴。

第二天，我前去了解新食客的情况。它已经死了。夜里，伙伴们袭击了它，那残缺不全的鞘翅，未能充分保护它的腹部，肚子被掏空了。手术做得干净利落，没有弄掉任何一部分肢体。爪子，头，胸，一切安然无恙；只有肚子开了个大口子，里面的东西就是从开口的地方摘除的。眼前这东西，已成了一个金贝壳，两瓣鞘翅抱合在一起。掏空软体组织的牡蛎壳，也比不上这金贝壳干净。

这一结局令我惊异，我从来都十分留心做到不让笼子里缺少食物呀。蜗牛、腮角金龟、螳螂、蚯蚓、毛虫，以及其他一些最受欢迎的菜肴，调换着花样地送进饭堂，而且供应量充足到消费不完的程度。甲壳缺损的步甲虫，易于招致袭击，我的金步甲们把这样的一位弟兄吞吃了。它们再不能把这种行为的原因归结为饥饿了吧。

难道它们当中通行这样的惯例：受伤的要结束性命，后来的要掏空肚子？昆虫是不讲慈悲的。面对着绝望中四下乱窜的一位伤残伙伴，同类中竟无一肯停下来帮它一把的。食肉者之间的事情不仅仅如此，甚至还要朝着悲剧性方向发展。有时候，一群过路的奔向一位残疾者。是去减轻它的痛苦吗？根本不是。是去品尝它，而且，假如味道不错，那末就以吞食的方式，为其彻底解除残疾之苦。

因而会有这种可能：那步甲虫鞘翅残缺，部分暴露在外的屁股，引诱了伙伴们；大伙儿觉得，这挂了彩的弟兄是正好可以开膛的猎物。换一种情况，如果不是哪一位事先负了伤，那末大家是否就互敬互重呢？从种种外在表现上看，给人的突出感觉是，大家彼此保持着十分和睦的关系。用餐期间，众宾客从未发生打斗，充其量只是轮流抢着吃而已。躲在小条板下午休的长时间内，也从来没有发生过争执吵骂。我那二十五个家伙，在凉爽的土中埋进半个身子，心平气和地消着食，打着盹儿，互相挨得近近的，卧在各自的土窝里。当我掀掉遮板时，它们立刻醒过来，拔腿就走，而四下奔跑中无论什么时候相遇，彼此都不翻脸。

由此可以认为，它们的和睦关系有着深厚基础，并且会无限期维持下去。可就在这六月暑热开始之际，当我察看虫笼时，却立即发现一只金步甲死了。它的所有肢体都没有脱落，全身紧缩成金贝壳状，酷似被吃空的牡蛎壳。这东西仿佛在向我们复述事件经过，这事件与不久前那位伤残者惨遭吞食的情形是一样的。我端详圣骨似地仔细检查这残骸，除腹部豁开大口，其他一切原封未动。可见，在别的伙伴掏空它肚子的过程中，它还保持着正常状态呢。

几天后，又一只金步甲被杀，受到同前者一样的礼遇：盔甲完好无损，干净整齐。把死者肚子朝下放在那里，一副完整无缺的模样；把它背朝下放在那里，看出是个空壳，里面没有一丝肉质。隔不多久，又出现一个空心尸骸，接着又是一个，其后又是一个，我眼睁睁地看着园中动物的数量这样锐减下来。如果这股屠杀的疯狂持续下去，我那虫笼里就什么也剩不下了。

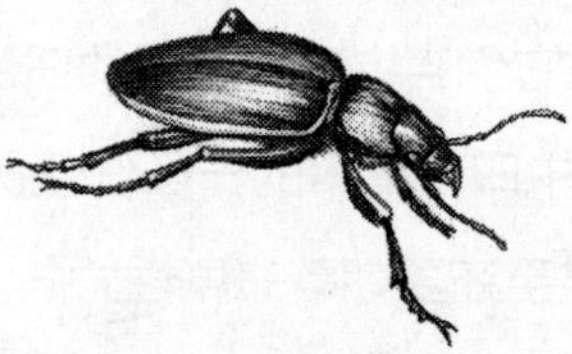

也许是这些天年耗尽的步甲虫走过自然死亡历程，幸存者们在瓜分它们的尸肉？要不就是为了减少人口而不惜牺牲过着美滋滋生活的庶民？要搞个真相大白是不容易的，因为事件主要是在夜里发生。由于时刻保持警觉，我终于在大白天，两次撞见正在进行当中的剖尸行动。

六月中，我亲眼看见一只雌虫摆弄一只雄虫。雄虫还是认得出来的，它的体型略小。手术开始了。进攻的一方撩起对方的两瓣鞘翅，从背后咬住蒙难者的肚子末端。它情绪高昂，轻轻拉拽着，大口咀嚼着。就擒者体力依然充沛，然而却既不防卫，也不折腾。它全力向相反方向扯着身体，一心从那些可怕的小钩子上挣脱出去；它一会儿前移，一会后滑，拖拽雌虫时它前移，被雌虫拖拽时它后滑；它的全部反抗，仅限于此。战斗持续一刻钟。一群过路的突然赶来，停下脚步，心里似乎在窃窃私语："一会儿该看我的了。"最后，使足成倍的力气，雄虫终于挣脱，逃之夭夭。可以想象，假如它挣脱不成，肚子就会被狠心的步甲大姐掏空。

几天之后，我又观看到一场相似的戏，只是这一回演完了结局。仍然是一只雌虫从后面咬一只雄虫。雄虫除了徒劳地拼命挣着身体，再无任何其他抗争表现，这挨咬的是在听任摆布了。表皮终于先做了让步，接着创口扩展开来，继而内脏被摘除，被胖主妇吞进肚里。再看胖主妇，脑袋钻进自己伴侣的腹腔里，正仔细清理硬壳底下的软组织。只见雄虫的肢爪一阵抖动，宣告此生走到了尽头。宰尸妇并不动情。它继续搜寻，一直深入到胸腔中可以探进头嘴的狭窄地方。死者身上所剩的，只有抱合成小船壳形状的鞘翅，以及尚未脱落的前半个身子。掏空后的残骸，被就地抛弃。

我在笼子里不断看到的遗骸，每每总是雄性步甲虫的，这些雄虫大概就是如此丧生的。至少可以估计，那些仍然活着的雄性，还是要这样毙命。从六月中旬到八月一日，笼中居民的数量从最初的二十五口，减少到只剩下五位雌性的程度。二十只雄虫全部消失，它们先被剖腹，然后再被深深地掏空。它们是被谁剖腹掏空的？显然是被雌虫。

我有幸亲眼目睹的那两次攻击行动，都证实了这一点。先后两次，光天化日之下，雌虫钻进鞘翅，打开雄虫腹腔，填饱自己的肚子。当然应该承认，其中第一次是在试图这样做。即使我未能直接观察到其他屠杀实例，我所获得的证据也是很有价值的。有人不久前也目睹了类似场面：被咬住的一方不予以反击，也不采取防卫，只是一个劲儿挣扎着抽身夺路。

如果这只是正常的打斗，只是为争夺生命而发生的合乎常情的拳脚相加事件，那末被攻击者显然会调转过头去，因为它完全可以这样做：只要一把抓住攻击者的身体，就能够回敬它的侵权行为，以牙还牙。凭它的力气，一旦对打，准会转而占上风。不料这白痴，却听任对方有恃无恐地啃咬自己的屁股。这其中似乎有一种无法克服的难为情心理，妨碍它反戈一击，阻挠它也咬一咬正在啃咬自己的对方。这宽容令我想起朗格多克蝎：雄蝎在婚姻终结的时候，任凭自己的伴侣吞吃自己，却不动用自己的武器，即那根有能力让蝎大姐尝尝苦头儿的毒螯针。这宽容还令我想起雌螳螂的情夫，那是条只剩一段身躯也要继续为未竟事业尽忠的汉子，当最后被一小口一小口啃吃的时候，它竟不做任何反抗。此乃婚俗成规所系，对雄性而言，就是无可非议的规矩。

我那步甲公园中的雄性，从第一个到最后一个，全部被剖了腹。它们向我们演示的，是一样的习俗。它们是为现在已得到交尾满足的伴侣而牺牲。从四月到八月的四个月里，每天都能有几对雌雄配成双。它们忽儿是试探性夫妻，忽儿又结为有效夫妻；当然，结为有效夫妻的情况更为多见。它们都是些求偶心切、欲火难熄的热恋狂，其冲动绝不会仅此而已。

步甲虫处理爱情事务，真可谓简便快捷。就在众目睽睽之下，也无需酝酿感情，一只过路雄虫便扑向一只过路雌虫，而且是刚刚遇上的第一位雌性。雌虫被它搂住，略微仰起头来，表示乐意接受；于是，那骑士便挥动触角，用梢头儿抽打对方的颈背。双方发生了关系。事情刚一干完，二者突然分手，双双跑到餐桌上的蜗牛那里去吃便餐。然后，它们各自通过新的婚仪，分别另结良缘。新结成的夫妻双方，事后又你我另寻新欢。反正，只要有雄虫受用就行。一顿大吃过后，一次粗暴的泄爱；一次泄爱过后，又是一顿大吃。对步甲虫而言，生命要旨即在于此。

我的步甲园中，待嫁的姑娘与求婚的小伙儿，双方一开始就不成比例，五个雌性对二十个雄性。不过问题不大，争风吃醋是不会见出高低胜负的，大家索性平心静气地共同使用过路的雌性，滥用过路的雌性。有了这忍让精神，经过多次反复尝试，随着见面机会碰巧到手，或早或晚，每只雄虫都总有一天使欲火得到宁息。

本来，按我的愿望，我是想得到一群雌雄比例更趋合理的步甲虫。然而，由于此事是以偶然因素为主导的，无从进行选择，当时捉到的就是这样一群步甲虫。初春时节，我在附近一带的石块下寻找步甲虫，只要能遇上，就统统捉来，不管是雌是雄，因为单看外表，区别雌雄是相当困难的。后来，在笼养过程中我知道了，雌虫比雄虫稍大一些，这是雌虫的明显标记。所以说，我的步甲园中雌雄数量搭配这么不协调，纯属偶然因素所致。可以想见，自然条件下，雄虫的比例不会如此之大；而且，处于不受约束状况下的步甲虫，也绝不会在一块石头下聚集这么多只。实际上，步甲虫基本过着孤独生活，极少能在同一窝穴里发现两三只住在一起。一个玻璃笼里聚集这么多步甲虫，确实是例外的情况。不过还好，这里竟没有出现骚乱和失控局面。玻璃笼有开阔的场地，可以供虫子们长距离漫步，也可以供它们随心所欲地从事惯常的嬉戏游乐。愿意离群索居的可以独自过活，愿意聚众群居的可以立刻找到伙伴。

监禁的处境，看来并未使它们心烦意乱，频繁大量进食和日复一日交尾的事实，都说明了这一点。自由生活在野外，它们的精力大概不会这样充沛，很可能缺乏生气，因为食物不能像笼子里这样丰富充足。不过，给这些囚徒的福利照顾，并没超出正常水平，这样有利于它们保持以往的习俗。

惟一不同的是，在我这里，同类之间的接触比在野外频繁得多。这对于雌虫来说，等于创造了更便于虐待异性的机会。它们可以随时厌弃已经挑逗够了的雄虫，咬它们的屁股，掏空它们的肚子。由于相互离得过近，猎食旧爱的现象变得严重起来；但这种行为本身，并没有因此而发生变异。这是习惯性的行为，临时作是作不出来的。

交尾期过去，如果是在原野上，那末一只雌步甲遇到一只雄步甲时，就应该把它当作猎物嚼碎，以此结束婚礼的最后程序。我在野外掀翻许多石块，始终

没有巧遇这种场面。问题不大，笼子里发生的事情，也足以令我信服了。步甲虫的世界是个怎样的世界呀！在那里，当卵巢获得孕育资本而不再需要助手的时候，胖主妇们便把助手吃进肚里去了！为了要将雄性如此这般地碎尸了事，生殖法则想置雄性于何等微不足道的地位？

爱情既过，同类相食，这种现象是否十分普遍地存在呢？就目前而言，我知道有三种各具特色的实例：其一是螳螂，其二是朗格多克蝎，其三就是金步甲。在飞蝗类昆虫中，以雄性为猎物的作法不那么恐怖，算是比较温和的。之所以说比较温和，是因为被吞食的雄虫是已经死去的，不属于活吞。雌性白面螽斯，很乐意蚕食已故情侣的腿，绿螽斯也是这样。

这可能在某种程度上与食性有关。譬如，白面螽斯和绿螽斯，二者都以肉食为主。遇到一只死的雄螽斯，胖主妇们乐意不乐意吃，要看死者是不是前夜情夫。同是野味肉食，情夫的肉却如此好吃。

吃素食的又如何呢？临近产卵期，雌性无翅螽斯向活得好好的伴侣张开利齿，在它鼓鼓的肚皮上咬出个洞，然后开始吃它，直到不想再吃为止。性情温厚的雌蟋蟀，会突然变得乖戾起来，把曾经向自己献上那般痴情的小夜曲的雄性打翻在地，扯碎它的翅膀，折断它的提琴，甚至还没断气就先从那演奏家身上叼下几口肉。由此可见，交尾过后，雌性对雄性极端厌恶的情况是经常发生的，尤其是在食肉昆虫当中。这些残酷习俗究竟出于什么动因？我想，只要能具备条件，我一定不失时机地把这个问题搞清楚。

译自原著第10卷《金步甲的婚俗》

三种垒筑蜂

LES TRIBULATIONS DE LA MAÇONNE

人们借"泥石屋"这个希腊语名词，来称呼这类蜜蜂。"泥石屋"的本意，是指用石块、混凝土和泥浆建造的房屋。对不谙希腊语精妙所在的人而言，这一命名方式确实离奇；可是，不采用这离奇的命名方式，就难以找到如此巧妙的名称。用作昆虫命名，这名称其实是指几种膜翅昆虫，它们采用类似人类的建筑材料营造巢室。这些昆虫的工程，就是泥瓦匠的工程，只不过这些蜂类泥瓦匠的方法比较粗糙，它们更善于采用的不是裁切成形的石材，而是用于垒筑的黏土材料。从雷奥慕尔的多篇学术报告来看，他对科学分类法不够了解，屡屡出现很令人费解的说法。但是，他采用了以工程特点为工人定名的作法，把这类用黏土作材料的建筑工叫作"垒筑蜂"。这名称仅使用一个词，便贴切地道出了这类蜜蜂的特征。

我们那一带有三种垒筑蜂，由于筑巢时选址不同，我分别把它们称作卵石垒筑蜂、灌木垒筑蜂和棚檐垒筑蜂。在雷奥慕尔那里，卵石垒筑蜂被称作墙壁垒筑蜂。卵石垒筑蜂的雌雄两性，体色迥然不同，如果是观察工作新手，猛然间看到从同一巢中钻出的两性，会立刻断定它们是截然两个蜂种。雌蜂浑身裹着华丽的黑天鹅绒，翅膀是暗紫色的。雄蜂不穿黑绒，而穿色彩鲜艳的铁红套服。另外那两种垒筑蜂，雌雄体色差别不大，都是褐、红、灰三混色。

正如雷奥慕尔所介绍的，墙壁垒筑蜂在北方诸省选择的巢址，都是正好朝阳的墙壁，而且墙上没有涂抹灰层，因为那样的墙皮会剥落，对未来的蜂巢隔室会造成危害。这种垒筑蜂只把建筑物坐落在牢固的基础结构上，或者光秃秃的石头上。我发现，这虫类在南方选址时也十分慎重。但不知出于什么动机，它们在南方却不以墙壁做巢址，基本上都喜欢另一种基础结构。它们把巢室建筑在一块滚圆的石头上，石头往往还没有拳头大。这种石头分布在罗讷河①河谷地带，形成层层岸坡，都被凌汛时节的大水冲湮过。这就是墙壁垒筑蜂在南方偏爱的房基。类似的建筑基地，比比皆是，都可以供这种膜翅昆虫选择利用。例如，所有不高的坚实土台，或者所有百里香遍布的硬土带，那些地方其实都是掺着红土的卵石堆积层。在河谷，这种垒筑蜂更常利用的，是激流冲刷过的碎石头。在奥朗日②附近，它们喜欢埃格河的冲积层，那里有河水冲不到的卵石滩。如果是没有卵石的地方，它们便在石头、田边或院墙上找个地方，也可以筑巢安家。

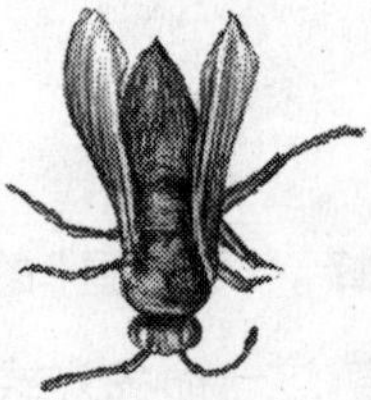

棚檐垒筑蜂选择巢址的范围较宽。但它最喜欢的，是把施工场地选定在房顶突檐的黏土质瓦片下面。它不做田边地头儿的小民，那里无法像房顶屋檐那样能把巢室掩蔽起来。房檐下，每年春天都有这虫类的大批殖民安家落户。它们那些垒筑工程一代传给一代，年年有所扩大，最后连成一大片。我曾在一座棚屋的瓦层下面看到，如此逐年扩展的蜂巢绵延不断，已经占据了五六平方米的面积。这虫类在那里埋头工作，劳动者数量甚多，嗡嗡作响的一大群，令你头晕眼花。它们对阳台底下同样感兴趣。此外，废窗户的窗口空间也很合它们的意，尤其是遮着可以让它们自由出入的百叶窗的窗口。上面说到的，都是大型聚会的地点，垒筑蜂们成百上千地混在一起，个个都在为自己工作。这蜂类也有独自筑巢的时候：一只蜂遇到一处有遮蔽的小角落，只要觉得那里基础牢固，阳光充沛，便立即着手安家。至于基础结构的材质如何，对棚檐蜂无关紧要。我曾见过，它们有的在光秃秃的石块上筑巢，有的在砖块上筑巢，也有的在窗户遮板的木头上筑巢，甚至还有的在棚屋玻璃上垒筑起了自己的住宅。惟有一种东西它们见不得，那就是我们房屋外表上用灰泥粗粗抹成的涂层。它们和我们一样谨慎，生怕把巢室安在可能坠落的支撑物上，会导致巢室毁于一旦。

灌木垒筑蜂，是把住宅建在悬空的地方，吊挂到一根细枝上。充作篱笆墙的各种灌木，无论是英国山楂，是石榴，或是马甲子，都可以为灌木蜂提供建筑的支撑点，位置一般在一人高的地方。假如是圣栎树、榆树和松树，巢址位置则选得高一些。由于是灌木丛，它们只好挑选稻草粗细的细枝，在那狭窄的房基上用泥浆建造住宅。这种材料的蜂巢建好后，样子像个泥球，灌木细枝从一侧插穿而过。单独一只蜂工作，蜂巢造得只有杏子大小；若是几只蜂通力协作，就可以建成拳头大的蜂巢。不过，这后一种情况是罕见的。

这三种膜翅昆虫，使用的都是同一类建筑材料，即含有石灰质的黏土，里面掺入少量沙粒，再加进泥瓦匠自己的唾液揉和而成。湿润的地点，本来便于取用材料，而且可以节省和泥用的唾液。然而，垒筑蜂都看不上这种地点，它们绝对不使用现成的湿泥。它们这做法，与人类建筑工作者的做法道理相

同。我们也不喜欢使用出现裂缝的湿石膏团，以及加水熟化很长时间后的熟石灰。总之，凡是在自然状态下饱和了水分的材料，它们均视为不可取。垒筑蜂需要的，是干燥的粉状材料。这样的材料遇到蜂类吐出的唾液时，吸收性能极强，而且能够和唾液中的蛋白质成分一起，形成一种快速固化的水硬型水泥。垒筑蜂的建筑材料，可以和我们用生石灰加蛋清和成的材料相提并论。

①罗讷河：法国第二大河，发源于瑞士南部山区，流经法国东南部，接索恩河后向南注入地中海。
②奥朗日：罗讷河流域的一个城市，罗讷河支流之一埃格河流经那里。

节译自原著第 3 卷《垒筑蜂》

隧蜂 LES HALICTES

你知道隧蜂吗?大概不知道。但这算不上多大苦恼:对隧蜂一无所知,照样可以品尝人生的某些甜蜜滋味。在我们坚持不懈的询问下,这些没有历史的卑微者会讲述出十分奇特的事情。况且,这世界之嘈杂拥挤令人忧虑,如果我们想对这种现象增加些真知灼见的话,就绝不可小看和隧蜂经常打打交道的意义。既然我们现在有空儿,那就来看看隧蜂吧。此事值得一做。

怎样识别隧蜂?隧蜂这飞天工匠,体型一般比较纤细,比我们箱养的蜜蜂更显修长。它们组成成员众多的共同体集团,但又依身材、颜色,分成繁多的种类。各种隧蜂中,有的比胡蜂还大,也有的个头儿像家蝇,还有的甚至比家蝇都小。经验不足的人,会为隧蜂种类之繁杂难辨而颇感茫然;殊不知它们具备着一个经久不变的特征。所有隧蜂,均持有清晰可辨的同业公会证明。

请看腹部背面那最后一道腹环。如果你捉到的是只隧蜂,其末端腹环则有一道平滑光亮的细沟。当隧蜂处于平静的防御状态,蜇针会顺着细沟做下滑上缩动作。这道被人忽略的武器滑槽,已经证明这虫类就是隧蜂族类中的一员,无须再辨别体色和体型。有针管昆虫系属中,隧蜂以外的其他蜂类均不使用这道细沟。这是个明显标记,是隧蜂家族的徽章。

四月里,工程秘密上马,惟有那些新鲜泥土隆起的小山包,在偷偷地泄露天机。没有一项活

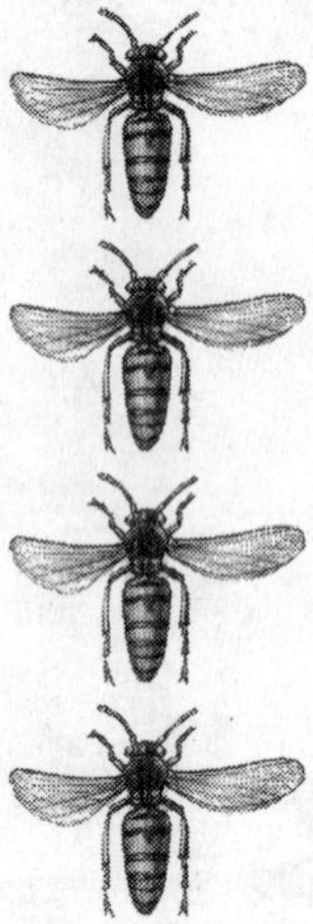

动在地面土地上展开。工匠们极少露面，它们钻在深深的井底，工作是那样的繁忙。偶尔，不定在哪儿，一座小土丘的顶端晃动几下，随后便顺着那圆锥体的坡面塌滑下去：这是一位劳作者，正把清理的杂物抱上来，向后推出去，可它还是没有露面。这时节，其他任何事情都不做。

快乐的五月来到了，处处是鲜花和阳光。四月时节的掘土工，此时转而干起了收获工。无论什么时候，在那些开出天窗的小土丘顶上，我都看得见它们，一个个浑身上下沾满鲜黄的花粉。个头儿最大的是斑纹蜂，我常常看到它们在我的花园小径上营造宅穴。让我们靠近些观察它。储备食品的工作这才开始，却不知从哪儿突然光临了一位食客，它将让我们目睹一场贪得无厌的巧取豪夺。

五月里，上午将近十点钟，每当食品储运工作正干得热火朝天的时候，我就去察访我那座居民极为稠密的昆虫小镇。我顶着日头，坐在小椅子上，躬着腰背，两臂支在膝头，一动不动地一直观看到吃午饭。一位食客引起我的注意，那是种名不见经传的小飞蝇，可却是隧蜂的无耻暴君。

这无赖有没有名字呢？我想应该是有的，只是我不想花费过多时间，谈那些对读者无甚裨益的情况。讲清事实，这比提供昆虫分类词典那种乏味细节，来得更合读者口味。这里简洁交待几句罪犯的体貌特征，也就足够了。这是一种身长五毫米的双翅目昆虫。它眼睛暗红，面色苍白；深灰的胸廓上生着五行小黑点，黑点上长着向后倾斜的纤毛；腹部是浅灰色的，朝下的一面发白；足爪则全是黑的。

在我观察的蜂群中，这种双翅飞虫数量很多。阳光下，只见它蜷缩在一个地穴附近，静静地等候着。隧蜂觅食归来，爪上沾满黄粉。它的身影刚一出现，红眼白脸的食客便冲上前去，尾随追踪，紧跟

意　大　利　蟋　蟀

草 原 食 粪 虫

不舍，上下左右悠荡着窜跃，兜着圈儿来回飞行。最后，那膜翅目昆虫突然钻进自己家里；这双翅目食客也疾速俯冲，落在小土丘上，就守在洞口旁边。它一动不动地趴在那里，脑袋朝着隧蜂的家门，只等那酿蜜的蜂子把活儿做完再说。隧蜂终于又露面了，头和胸探出洞口，在门槛上稍停片刻。飞蝇趴在旁边，仍然一动不动。

时常出现这样的情形，隧蜂和飞蝇面对面站着，间隔还不到一指宽，双方都没有惊异的神色。凭那平静的态度可以断言，隧蜂对窥伺自己的食客并无戒心。所以，凑在眼前的食客，也丝毫不怕自己的冒犯行为会受到惩罚。面对抬抬爪子就能踩扁它的庞然大物，这小矮子保持沉着冷静。

我很想看看，双方中究竟哪一方会示弱，但始终未能看到：没有任何迹象表明，隧蜂知道自己面临着被打家劫舍的危险；也毫无事实说明，小飞蝇对严惩不贷之事心怀恐惧。这打劫的和遭劫的，双方只是互相打量一会儿罢了。

巨虫宽宏大量，但只要它想那么做，就可以用利爪划破前来糟践家舍的小强盗，可以用大颚轧碎它，用螯针刺穿它。然而，巨虫根本没有这样做，却听任近在眼前的无赖安然无恙地呆在那里，一双红眼睛瞄着宅穴大门。真不知隧蜂为何采取这般愚蠢的宽容态度。

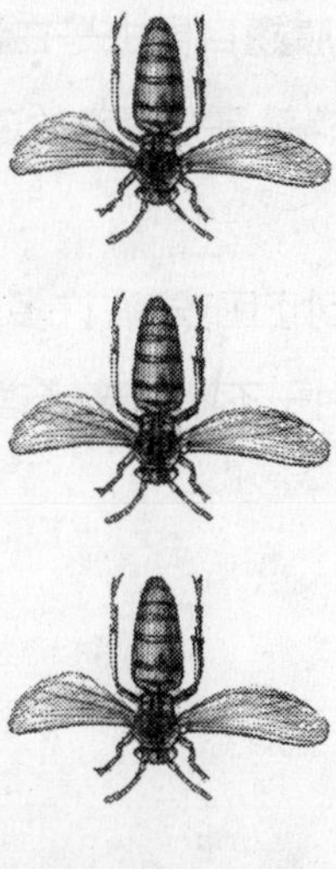

隧蜂飞走了。飞蝇马上钻进蜂穴，如同钻进自己的家一样无拘无束。此刻，它从各个食品储藏室里，随心所欲地选用美味，所有储藏室都没有加封。与此同时，它还忙里偷闲，建立了自己的产卵室。直至隧蜂返回之前，不会有谁打扰它。要让爪子上沾满花粉，嗉囊里填足糖液，这可得花些时辰呢；正好，侵宅犯要干坏事，也需要充分的时间。这罪犯的计时器非常精密，可以精确地显示出隧蜂离家在外的时间。待隧蜂再度归来，飞蝇已经溜走。它溜到离洞穴不远的地方，选一处有利位置，开始窥伺干下一次卑鄙勾当的机会。

假如食客正在干事的时候，隧蜂突然出现，那会形成什么局面呢?即使如此，问题也并不严重。我见过一些胆大的飞蝇，它们跟着隧蜂一道钻入洞穴深处。趁隧蜂在那里调制花粉、蜜糖混合饮料的当儿，飞蝇在一旁小憩片刻。收获者正在掺和甜面团，处于这道工序的食品，飞蝇尚不能享用，于是它又自由自在地钻出洞口，站在门槛上，等着隧蜂出来。飞蝇爬上来晒太阳，毫无惊恐神色，而且步态平稳，这清楚地说明，它们在隧蜂工作的洞穴深处并未受到虐待。

假如小飞蝇跃跃欲试，急不可耐地围着糕点转，也许后脖子上会挨一巴掌，但食品所有者驱赶讨厌鬼时，所能做出的举动不过如此。盗贼与被盗者之间，不会发生任何叫骂殴斗。关于这一点，只要看看从巨虫忙碌着的洞底爬上来的小矮子，看看它那稳健的步态，那副完好无损的模样，你就会认同的。

蜜蜂①归来，无论携带食物与否，都要犹豫一段时间。它疾速兜着圈子前后飞动，贴近地皮来回滑行。看到这紊乱的窜跃式飞行，我立即产生了一个想法：膜翅目昆虫是在试图利用错综复杂、进退往返的飞行网路，甩掉追逼自己的敌人。就其效用而论，这确乎是它采取的谨慎措施；但实际上，它恐怕并不具备这么高的智慧。

它其实并不是在顾虑敌人，而是在寻找自己的宅穴时遇到了困难。许许多多的小土丘，交错重叠地连成一片；昆虫小镇上的窄街狭巷，彼此杂乱穿插；况且，由于不断有新清理出的废料脏物倾倒成堆，小镇的面目一日一变。很明显，它所表露的是一种踌躇心理。它的确经常认错家门，一头扎到了别人的大门口。当然，洞门口的细微景观，会使它觉察到自己的失误。

于是，它再做一番侦察，仍旧荡秋千似地画着曲线，窜跃飞行，偶尔悬定在一个点上，随后又突然起动，向远处飞去。终于，自己的住宅找到了。它带着狂喜，一头扎进洞穴。不管隧蜂何等迅速地消逝于地面之下，那飞蝇是神气十足地守在大门旁的。它把脑袋扭向洞口，直等到蜜蜂出来后，就又该它进去造访蜜罐了。

主人钻出来了，食客稍退几步，让出刚好能自由通行的过道，仅此而已。倒也是，它凭什么要自己惊动自己呢?二者相遇，如此太平，如果不另外给你提示，你绝对看不出是歼击对象与歼击者面对面站在一起。隧蜂忽然出现，飞蝇毫不惊慌，只是稍加留意而已;隧蜂亦然，只要强盗不尾随它，不在飞行中纠缠它，它根本不知道这眼前的小虫就是它的迫害者。这时候，只见那膜翅昆虫突然一个急转弯，远远地飞走了。

隧蜂的食客要吃上美味，也不是那么容易的。隧蜂回家时，嗉囊里盛着吸吮来的甜汁，主要肢爪上粘着采集到的花粉，但甜汁是强盗无法接触到的，花粉又是没有定型的松散粉末。更何况，一次带回的材料，远远不够制作甜食用的。为收集揉制圆面包的材料，隧蜂必须反复出游。待必备的材料齐全够用了，隧蜂便用大颚硬尖掺和它们，再用爪子把和好的软面做成小丸。如果小飞蝇把卵产在这些材料里，那未经隧蜂如此这般一番操作，虫卵的命运想必是凶多吉少的。

为此，蜜蜂的异类是在面包做成后，再把卵产在上面。但由于食品制作是在地下进行，食客显然必须潜入隧蜂家中才行。飞蝇胆量非凡，果真钻进洞去，甚至不怕那蜜蜂仍在洞中。要么是好呢?它也许会把这碍事的玩艺儿当作建筑废料。它看到这废弃物后,用大颚钳起来,也许这一下就会把蛹壳钳碎的。接着,它把这玩艺儿搬到洞外,和废料杂物堆放在一起。移出土壤的蛹,暴露在变化无常的气候之下,只能是在劫难逃,死路一条。

我真佩服蛆虫明智的预见力,居然能抛开一时财富之得,谋求确保安全的长远之计。蛆虫面临两种危险:一是被囚禁于闷匣之中,最后成虫飞蝇不得出世;二是在蜜蜂修整、打扫宅穴时,被抛出洞外,遭受外界气候折磨而丧生。为免遭这双重灾祸,蛆虫赶在封堵隔室和清理宅穴之前,就抽身迁走了。

我们再看看食客后来如何了。整个六月,在隧蜂闲歇下来的日子里,我在我那昆虫势力极大的小镇上,展开了全面搜索,那里有五十来个隧蜂洞。发生在地下的不幸,全部被我们看到了。我们是四个人一起,用手指缝筛检从洞穴里挖出来的土。头一个人筛检一遍,第二个人再筛检一遍,接下去是第三个人,然后是第四个人。筛检记录上的结果,实在令人痛心。我们始终未能发现隧蜂的虫蛹,一只也没有。原本是人口稠密的街区,居民竟已全部死亡,顶替它们的是双翅目昆虫。蛹态双翅目昆虫之多,比比皆是。我把这些蛹收集起来,准备观察它们的演变过程。

双翅目昆虫的这一龄期进入尾声,最初的蛆虫已经在蛹壳里收缩变硬,一个个圆鼓鼓的小筒子,保持着静止不动的状态。这都是具备潜在生命力的种子。七月的烈焰不会把它们从沉睡中烤醒,但这却正是隧蜂生育第二代幼虫的月份。上帝似乎发出了本月休战的圣谕:食客停止活动,蜜蜂和平劳动。假如再接连出现敌视行动,致使夏季也发生春季那样的惨重伤亡,那末,一向妥协有余的隧蜂,大概就要绝种了。第二代隧蜂幼虫过上一段太平日子,事物也就恢复了秩序。

每年四月,正当斑马纹蜂悠游于围墙内的条条峡谷之间,寻找着理想的造洞地点,食客那里恰好正加紧化蛹成虫的工作。呵!时间计算得何等精确,追逼者的历法与被追逼者的历法之间,竟如此默契地相互吻合,真令人难以置信!蜜蜂着手筑穴之时,成虫飞蝇已经准备就绪:以饥饿消灭对方的故伎,马上就要重演。

如果上面讲述的只是某种特殊情况,我们可以不去重视它:多一只少一只隧蜂,对世界的平衡无足轻重。然而太遗憾了!以各种名目从事掠夺,已经成了芸芸众生之间的既成法则。无论低等生命还是高等生命,凡是生产者,都受到不生产者的剥削。占有特殊地位的人类自身,本来应当超脱这些灾难,却不料在他身上,野兽的贪婪欲望竟表现到了无以复加的地步。他说:“营生嘛,就是图别人的钱。”这话与飞蝇的话如出一辙:“营生嘛,就是图隧蜂的蜜。”为了更有效地掠夺,人创造了战争这种将人们大规模杀死的“艺术”,还引以为荣地创造了绞刑这种将人们小规模处死的“艺术”。

我们永远看不到那崇高梦想的实现,那是人们每星期天在乡村小教堂里唱诵着的崇高梦想:Gloria in excelsis Deo, et pax in terra hominibus bonæ voluntatis!②如果战争只是人类自己的事,那末未来也许还能为我们保存住和平,因为有那些慷慨豁达的心灵在为此工作。可是这祸水却也侵蚀到冥顽不化的虫类,而它们是永远都听不进道理的。邪恶只要一蔓延成大势,可能就变成不治之症了。瞻望未来生活,叫人不寒而栗。那生活将仍然是今天的样子,即,一场永不停歇的屠杀。

于是,怀着绝望中的一线希望,人们不遗余力地调动想象,为自己塑造了一个能把宇宙星辰当球要的巨人形象。这巨人是不可抗拒的力量，他体现正义和权利。他知道我们在作战，我们在杀戮，我们被烽火硝烟所笼罩，我们中的野蛮人正赢得胜利；他知道我们有炸药，有炮弹，有鱼雷艇，有装甲舰，有各种各样神通广大、致人死命的武器；他同样清楚，哪怕是最小的上帝造物，都存在因贪欲而引起的残酷竞争。那末好了！这正义者，强大者，当着他用拇指按住地球的时候，肯定要毫不留情地把它碾碎！

他完全可能把地球……然而，他毕竟会让一切事物顺其自然地发展。他会这样说："古代的信仰确有道理，地球正是个生虫的核桃，已经被'邪恶'这蛀虫啃咬。它是个野蛮的粗坯，正处在向温文尔雅过渡的艰难阶段。随它去吧：秩序和正义在一切过去之后。"

①蜜蜂：此处指隧蜂，隧蜂属蜜蜂科。
②祈祷时的拉丁语，大意是：荣誉归于高高在上的上帝，和平归于下界凡人的善良心地。

译自原著第8卷《隧蜂》

蟋蟀出世记

LE GRILLON: TERRIER ET OEUF

想看蟋蟀产卵的人，不必花一个钱做准备工作，他只要有点儿耐心就够了。布封①称这耐心是天才；我愿略降一格，称之为观察工作者的最可贵品质。我们在四月，或最迟五月，把乡野蟋蟀一雌一雄地单独关在盛有底土的花罐里。可以用莴苣叶做它们的食物，隔一段时间换一次新鲜的。容器口上盖一块小玻璃板，防止蟋蟀逃走。

一些很有意义的资料，就是通过这种简陋的设备获得的。需要的话，还可以利用优质金属网做的笼子，作为辅助设备。金属笼里的情况，将在后面予以介绍。现在，我们来监视产卵过程，但愿能保持高度警觉，不要错过产卵良机。

时至六月的第一个星期，坚持不懈的观察工作开始收到令人欣慰的成效。我忽然看见母蟋蟀站在那里一动不动，产卵管垂直插在土里。对我有失礼貌的偷看行为，它毫不介意，依然长时间定在一个点上不动。最后，它拔出自己那把点播种子的小铲，草草扒拉几下，抹平钻头眼的痕迹。它稍微喘口气，又溜达到另一个地点，再度开始往土里插产卵器。它这儿插一下，那儿插一下，所有可以利用的地皮都点播到了。这情形和大家熟悉的白面螽斯一样，只是操作速度比螽斯缓慢。二十四小时过去，我觉得产卵结束了。但为了做到更可靠地掌握情况，我又继续观察了两天。

两天过后，我开始搜索土层。卵粒呈稻草黄色，都是有两个细端的小圆柱体，长约三毫米。它们彼此不接触，竖埋在土里，点播的距离很近。种子数量多少，取决于一个连续产卵过程中的产卵次数。整个土层下都发现了卵粒，它们离土表层大约两厘米。用放大镜观察一堆土，是件很麻烦的事情，根据这样所能观察到的结果估计，每只母蟋蟀的一个产卵过程，大约产出五六百粒卵。这等规模的家庭，肯定要在很短时间内接受大幅度裁员才行。

每粒蟋蟀卵，本身都是绝妙的小小机械系统。幼虫完成孵化时，卵壳就像一个白色的遮光套，顶部有一个很规则的圆孔。沿圆孔周边扣着一个拱形顶帽，成为一个封盖。封盖不是靠新生儿盲目推顶或割划来打开，而是沿一道特意准备的，质地极其脆弱的线纹自动开启。这奇妙的孵化过程，也应该了解一下。

产卵后十五天左右，卵壳前端隐约看得见一对黑里透红的视觉器官的大圆点。从黑红圆点稍稍向上，恰好在圆柱体顶端，此刻显现出一个微型环状垫圈。这就是正在形成当中的断裂线。不久，透过半透明的卵壳，可以看见里面那小动物身体的细小分节。再往后，就要加倍警觉，频频察看了，尤其是上午的时间里。

好运气所偏爱的，是那些有耐心的人。它现在来报答我所付出的艰辛劳动。经过一种精妙绝伦的加工，微型垫圈已经变成一道强度甚低的条纹。就在这时候，困在卵中的小生命额头一碰，卵盖便沿着自己的周边分离开去，被顶起来，随后落在一旁，其景状与注射剂细颈薄玻璃瓶的顶帽断落一样。蟋蟀从卵壳里出来，犹如从玩偶盒里弹出了个小怪物。

①布封（Buffon，1707—1788），法国十八世纪著名自然学家，以写作颇有文学魅力的《自然史》三十六卷闻名于世。

节译自原著第6卷《蟋蟀的地洞和卵》

意大利蟋蟀

LE GRILLON: CHANT ET PARIADE

我们镇子里见不到家蟋蟀，那是乡间面包房和灶台的常客。然而，尽管壁炉下的石板缝哑然无声，这寂寞还是能得到补偿的：夏夜里，原野上，到处听得见一种调式简单重复，然而情致陶冶人心的乐曲，这音乐在北方可难得听到。春天，在太阳当空的时间里，有交响乐演奏家乡野蟋蟀献艺；夏天，在静谧怡人的夜晚，大显身手的交响乐演奏家是意大利蟋蟀。演日场的在春天，演夜场的在夏天，两位音乐家把一年的最好时光平分了。头一位的牧歌演季刚一结束，后一位的夜曲演季便开始了。

意大利蟋蟀与蟋蟀科昆虫的某些特征不大一致，这表现在它的服装不是黑色的，它的体型不那样粗笨。这虫种体形修长，体格纤弱，体色苍白，周身穿戴几乎都是白色的。这与它夜间活动的习惯相符。即使把它轻轻捏在指间，人们也担心会挤破。它栖驻在各种小灌木上，或者高高的草株上，过着悬空生活，极少下到地面上来。从七月到十月，每天自太阳落山开始，一直持续大半夜，它都在那里奏乐。在闷热的夜晚，这演奏正好是一台优雅的音乐会。

我们这里的人，都听过它的奏鸣曲，因为只要是有一点儿荆棘丛的地方，就有它的交响乐队。这昆虫有时竟在房屋的顶楼上高声奏响，那是它顺着干草摸爬，结果在那里走失了。这苍白

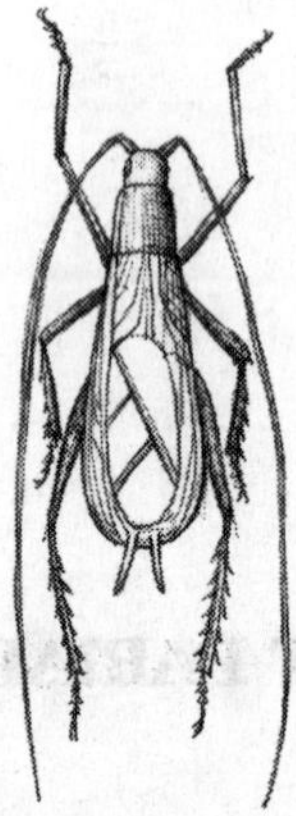

蟋蟀的习俗很神秘，谁也说不准耳边听到的小夜曲，究竟是从哪儿传出来的。有人完全误以为这声音是普通蟋蟀的鸣唱，殊不知，普通蟋蟀眼下还十分幼嫩，尚不会发声。

乐曲由一种轻柔缓慢的鸣叫声构成，听起来是这样的：咯哩——咿咿咿，咯哩——咿咿咿。由于带颤音，曲调显得更富于表现力。凭这声音你就能猜到，那振膜一定特别薄，而且非常宽阔。如果没什么惊扰，它安安稳稳呆在低低的树叶上，那叫声便会始终如一，绝无变化。然而只要有一点儿动静，演奏家仿佛立刻就把发声器移到肚子里去了。你刚才听见它在这儿，非常近，近在眼前；可现在，你突然又听到它在远处，二十步开外的地方，继续演奏着它的乐曲；你以为是距离拉开后，音量也就显得弱了。

你赶快跑过去，结果什么也没有。声音仍然从第一个地点发出来。事情愈发蹊跷。这一回你再听，声音又从左边传来，可又像是从右边传来的，或许是从后边传来的吧。你完全摸不着头脑了，已经无法凭听觉，找到这虫类正在唧唧作声的准确位置。要想捕捉这演奏歌曲的，必须具备足够的耐心，采取防止意外的周密措施，然后才能再借助提灯的光亮来行动。如上条件都具备以后，我捉到那么几只意大利蟋蟀，投放到笼子里。这之后，我才得以了解到一点儿情况，一点儿有关演技能高超到迷惑我们耳朵的演奏家的情况。

两片鞘翅都是干燥的半透明薄膜，薄得像葱头的无色皮膜，均可以整体振动。其形状就像侧置的弓架，处于蟋蟀上身的一端逐渐变窄。弓架从上端开始，依一条粗实的经翅脉的弧形走向，先折成一处直角，然后再以鞘翅凸边的形式，沿体侧向下顺延，直到身体末端。弓架形成的凸边，刚好在蟋蟀采取休息姿势时能包住体侧。

右鞘翅在上，左鞘翅重叠在它下面。右鞘翅内侧，在靠近翅根的地方，有一块胼胝硬肉。从胼胝那里，放射出五条翅脉，其中两条上行，两条下行，另一条基本呈横切走向。横向翅脉略显橙红颜色，它是最主要的部件，说白了就是琴弓。这一点，只要看看它是嵌在若干细褶纹之间的，我们就明白了。鞘翅的其他部位上，还有几条不那么粗的翅脉，它们撑着铺展开的翅膜，不属于摩擦器的组成部分。

左鞘翅，或称下鞘翅，结构与右鞘翅基本相同；其不同之处在于，左鞘翅的琴弓、胼胝，以及从胼胝放射出来的翅脉，全部显现在翅膜的上一面。左右两只鞘翅是斜向交叉着的。

虫鸣大作之际，两只鞘翅始终高高抬起，其状宛如宽大的纱罗布船帆。两片翅膜，只有内侧边缘重叠在一起。两支琴弓，一只在上一只在下，斜向铰动摩擦，于是支展开的两个膜片产生了发声振荡。

上鞘翅的琴弓在下鞘翅上摩擦，同样，下鞘翅的琴弓在上鞘翅上摩擦。摩擦点时而是粗糙的胼胝，时而是四条平滑的放射状翅脉中的某一条，因此，发出的声音会出现音质变化。这大概已经部分地说明问题了：当这胆小的虫类处于警戒状态时，它的鸣唱就会使人产生幻觉，让你以为此时声音既好像从这儿传来，又好像从那儿传来，还好像从另外一个地方传来。

音量的强弱变化，音质的亮闷转换，以及由此造成的距离变动感，这些都给人以幻觉，而这恰恰就是腹语大师的艺术要诀。但是，这幻觉的产生自然还有别的原理，那原理也并不难发现。鞘翅高抬，声音响亮；鞘翅略降，声音转闷。鞘翅低压的时候，左右凸边高度不一地搭垂在柔软躯体的两侧上，这就大大缩小了振荡部位的面积，同时也就削弱了声响。

手指贴近被敲响的玻璃杯，那声音会变得发闷，不再那么响亮；而隐约作响的声音，听起来则仿佛是从远处传来的。我们的苍白蟋蟀，掌握这个声学诀窍。它把振荡片的凸边往两侧肚皮肉上一贴，就让寻找它的人摸不着头脑了。我们的乐器有各种制音器和消音器；意大利蟋蟀的制音消音器，不仅能和我们的媲美，而且比我们的用法更简便，效果更理想。乡野蟋蟀及其同属，也使用弱音器，方法也是用鞘翅凸边箍住肚子的上部或下部；然而它们当中，没一个能取得意大利蟋蟀那般以假乱真的效果。

每当我们的脚步发出些微响动，我们便随即产生某种惊异之感，这其实就是所谓距离幻觉在起作用。这虫类的鸣叫，不仅拥有令人产生距离幻觉的发声术，而且还具备以柔和颤音形式出现的纯正音色。八月的夜晚，在那无比安宁的氛围之中，我的确听不出还有什么昆虫的鸣唱，能像意大利蟋蟀的鸣唱那样优美清亮。不知多少回，我躺在地上，背靠着迷迭香支成的屏风，“在文静的月亮女友的陪伴下”，悉心倾听那情趣盎然的“荒石园”①音乐会！

夜蟋蟀在墙围子内大量繁殖。每一簇红花岩蔷薇，都安排上这虫类的军乐队队员；每一束熏衣草，都安插进这虫类的亲信伙伴。茂密的野草莓丛和笃耨香树，都成了它们的乐池。整个这小世界的成员，操着惹人喜欢的响亮声音，躲在一簇簇小灌木里，彼此询问着，互相应答着。这情形也许是另一码事，它们可能都对别人的咏叹调无动于衷，而是在为一己之欢乐纵情歌唱。

那高处，我的头顶上，天鹅星座在银河里拉长自己的大十字架；这低处，我的四周，昆虫交响曲汇成一片起伏荡漾的声浪。尘世金秋正吐露着自己的喜悦，令我无奈忘却了群星的表演。我们对天空的眼睛一无所知，它们像眨动眼皮般地闪烁着，它们盯着我们，那目光虽平静，但未免冷淡。

科学向我们讲述它们的距离，它们的速度，它们的质量，它们的体积；科学将铺天盖地的数目字向我们压来，以无数、无垠和无止境，把我们惊得目瞪口呆。然而，科学却怎么也感动不了我们一丝真情。这是为什么？因为科学缺少那伟大的奥秘，也就是生命奥秘。天上有什么？太阳们在给什么加热？理性告诉我们：天上有和我们相似的许多人类；还有生命于其间变幻无穷地演化着的许多地球。这气度恢宏的宇宙观，说到底还是纯粹观念，没有确凿事实作基础。确凿事实是至高无上的证据，可以被所有人的理解力认可。所谓“可能”，乃至“非常可能”，都构不成“明显”；明显的东西才既不可抗拒，又无懈可击。

我的蟋蟀啊，有你们陪伴，我反而能感受到生命在颤动。我们尘世泥胎造物的灵魂，恰恰就是生命。正是为了这个缘故，我身靠迷迭香樊篱，仅仅向天鹅星座投去些许心不在焉的目光，而全副精神却集中在你们的小夜曲上。

一小块注入了生命的，能欢能悲的蛋白质，其价值超过无边无际的原始物质材料。

节译自原著第6卷《蟋蟀的鸣叫与交配》

①法布尔晚年购得一处乡间多石地带的居所，以利开展活态昆虫的观察研究工作。他把这处居所称作“荒石园”。

螳螂猎食

LA MANTE: CHASSE

这里要说的，又是一种南方昆虫。这虫类和蝉一样有趣，但名气却比蝉小多了，就因为它默不作声。如果老天赐给它一副钹，使之具备能博得人们欢心的首要条件，那末再加上自己奇特的形体和习俗，它一定会让那著名歌唱家的声誉黯然失色。我们这地方的人，把它叫作“祷上帝”。它的学名，采用的是“修女袍”①。

这里，科学的用语和农民的天真词语是相吻合的：一个是把这古怪的造物视为沉湎于神秘信仰的苦行修女，一个是把它看成传达所悟神谕的女占卜士。人们很久以前就开始进行比较了。古希腊人已经称这种昆虫为“占卜士”，或者“先知”。庄稼人其实颇懂得类比，他是在掌握大量外观资料的基础上，进行想象丰富的充实性发挥。他在烈日灼烤的草地上，看见一只仪表堂堂的昆虫庄重地抬起前半身。这时他注意到，虫子身上那副宽大的绿色薄翅，就像拖拉到地面的长长的亚麻布披袍；他发现，那双可以称之为胳膊的前爪正举向天空，活脱脱一副祈祷的姿势。这就足够了，剩下的就由人民大众的想象力去完成吧。于是从古代起，就有了在荆棘丛里居住的演示神谕的女占卜士和祈祷上帝的修女。

啊，充满孩童稚气的可爱的人们，你们犯的是何等的错误哟！这静默祈祷的神情举止，掩盖着残忍的习俗；这擎举乞求的一双胳膊，其实是用于劫持的可怕家什，它们不拨念珠，却要结果身旁过往行人的性命。人们恐怕怎么也猜想不到，这虫类竟是直翅目食草昆虫系列的一个例外虫种：它只以捕捉活食为生。它是威胁昆虫界和平居民的老虎，它是吃人巨妖，它埋伏在那里，只等鲜美的肉食送上前来，便把它捉住吃掉。它的力气本来就够大了；这强劲再加上嗜肉的胃口和效力惊人的捕猎器，可想而知，将足以变成威慑乡野的一种恐怖。所谓“祷上帝”之虫，看来非成为穷凶极恶的刽子手不可。

如果撇开那致命的捕猎家什不论，螳螂实在没有什么让人害怕的地方，甚至还不乏优美呢。你看，那苗条的身腰，那俏丽的短上衣，那一身的淡绿，还有那长长的纱罗翅膀。它没有张开来像剪刀的凶狠大颚；相反，长着的是一副又细又尖的小嘴儿，看上去就像啄食用的。脖颈从胸廓中拔立而出，可以弯曲旋扭，因此脑袋能够灵活转动，既可左扭右转，又可前探后仰。昆虫当中，惟有螳螂能调动视线。它会察看，会打量，那副嘴脸简直能作出表情来。

安详的整体外观，却配上了素有“劫持爪”之称的前肢凶器，二者形成强烈的对比反差。髋部②非同寻常的长而有力，是用来抛甩狼夹子的。这副狼夹子，不是坐等送死鬼踩踏上来，而是主动伸出去抓捕。捕猎器经稍稍装饰，显得十分漂亮。髋部根基的内侧，装饰着一个美丽的黑色圆点。圆点中心有白色眼斑，圆点周围有微粒珍珠做陪饰。

大腿③较长，呈扁梭状，其前半段下侧生着两行锋利的齿刺。靠内侧的一行，长短相间地排列着十二个齿，其中长齿为黑色，短齿为绿色。长短相间的排列方式，增加了铰合点，对发挥武器的效力有利。靠外侧的一行齿刺，结构简单，只有四个齿。两行齿刺后面，还支着三个最长的齿刺。简而言之，大腿是带两行平行齿的锯条，两行齿之间形成一道槽沟。大腿往前，是回折式小腿，可以折合进大腿的槽沟。

小腿生在与大腿相联的关节上，非常灵活。它也是带两行齿的锯条，锯齿比大腿的小，但是比大腿的多，排列得更紧凑。小腿终端是一个粗实的钩子，其锐利能够与上好的钢针相匹敌。钩体下侧有一道细槽，细槽两侧各有一条利刃，犹如一对弯刀，又像一对截枝刀。

这钩器是性能极佳的戳刺割划工具，我一想到它，就隐约产生一种刺痛感。捉螳螂时，不知被刚抓在手里的坏家伙钩划过多少回。双手腾不出来，只能求别人帮助，好不容易才从态度硬强的被俘者爪下摆脱出来！谁不先拔出扎进皮肉的钩子就强行挣脱，他准要像挨了玫瑰刺钩划一样，弄得双手伤痕累累。没有比螳螂更难摆布的昆虫了。这家伙用截枝刀尖割划你，用针尖扎你，用老虎钳夹你。你简直没法对它实施有效防御，因为你一心想的是要抓得住而抓不死，所以手指不敢使劲。如果一使劲，战斗就会随着螳螂被捏烂而立即宣告结束。

螳螂休息的时候，把捕猎器收折回来，举在胸前，作出一副不伤人的模样。我们此时此刻看到的，就是所谓的“祷上帝”。一只猎物走过这里，刹时间，祈祷的姿势消失了。三段构件组成的捕猎器突然伸出，将前端的钩子送到远处。只见那钩子一钩一收，捕获物便夹在了两段锯条之间。接着做一个大小臂那样的合拢动作，老虎钳吃上了劲。至此，大功告成。蝗虫也好，螽斯也罢，纵使是其他劲头更大的小动物，一旦被那四排尖齿铰住，便只能束手就擒。无论它绝望地颤抖还是拼命地蹬踹，那令人毛骨悚然的兵器都不会松开。

在虫类不受约束的野外，无法对昆虫习俗进行连续不断的研究，我们必须采取家养的办法。

此事做起来一点儿不难:螳螂不在乎自己是否被软禁在钟形笼里,只要食物喂得好就行。我们把最可口的食物给它吃,而且每天都换换食谱花样。这样做上一段时间,它对荆棘丛的苦恋就逐渐淡薄下来了。

我给我的俘虏们准备了十只笼子,都是金属网制做的宽敞的钟形笼,和饭桌上防止苍蝇接触食品的纱罩差不多。笼子坐落在盛满沙土的瓦罐上。笼子里放一束百里香,一块石片,这就是为居室配备的全套家具。石片将来可以为产卵服务。这一幢幢小别墅,排列在虫子实验室的大台桌上,白天大部分时间,太阳都光顾那里。俘虏被安顿在笼子里,有些是单独囚禁,有些是成组囚禁。

八月的后半月,我才开始在道旁路边发黄的草丛和荆棘丛里见到螳螂的成虫。在户外,肚子滚圆的雌螳螂,一天比一天多起来。可是它们的又瘦又小的异性伙伴却日渐稀少,害得我有时要为补齐笼内雌性的配偶而大伤脑筋。之所以还要补齐配偶,是因为笼子里经常发生雄矮子被吃的悲剧。那惨痛的一幕等会儿再说,现在还是谈雌螳螂。

雌螳螂吃得特别多,喂养期又长达数月,所以,供养它们不是那么容易的。我差不多每天都投放新食,但其中一大部分,都只被它们轻蔑地尝上几口,然后就浪费掉了。我敢断言,在荆棘丛生的故里,螳螂一定比较注意节约,因为野味并不充裕,它要最大限度地利用捕捉到手的食物。可是在笼子里,它却这样挥霍无度。一份好端端的食物,经常是咬几口就随手丢掉,尽管可吃的部分还多得很,也不再继续受用。依我看,螳螂这是在以奢侈作风掩饰身陷囹圄的苦恼。

为了保障这奢华的用餐消费,我必须求别人帮助才行。从附近找来两三个无所事事的小孩,给他们一些面包片或甜瓜块,于是他们一早一晚,跑到周围一带的草地上,把芦苇秸编的小笼子

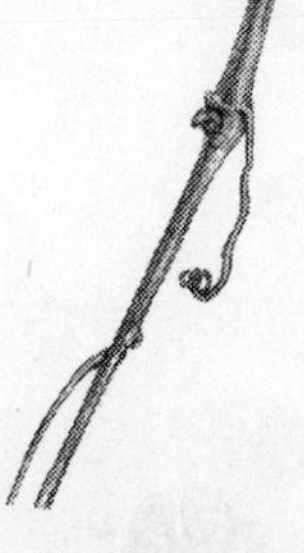

装满。每次回来，笼子里都挤着活蹦乱跳的蝗虫和螽斯。至于我自己，则是手握捕虫网，每天在围墙里转一圈，专心致志地设法给我的食客们搞点儿高级野味。

这些野味精品的作用，是帮助我了解螳螂的胆量和力气究竟有多大。这类活食包括灰蝗虫、白面螽斯、蚱蜢和无翅螽斯。灰蝗虫的个头儿，比吃自己的螳螂还大；白面螽斯装备着强有力的大颚，连你的手指都要当心着点儿；蚱蜢造型古怪，梳着状似金字塔的主教帽发式；葡萄树无翅螽斯能让那钹发出吱嘎怪音，滚圆大肚的末端还拖着一把大刀。在这难以下口的野味套餐之外，再加上两道令人生畏的野味：一道是丝光蛛，它那花彩盘一般的圆肚子，大得像枚二十索的硬币；另一道是王冠蛛，它那蓬头垢面，大腹便便的模样，叫人不寒而栗。

处在自由状况下的螳螂，会向诸如此类的敌方发动进攻。这一点不容置疑，因为我看到即使在笼子里，无论什么东西出现在身旁，它都奋起作战。住在金属网里面，螳螂利用着我慷慨提供的财富；那末潜伏在灌木丛中，它所应当利用的便是偶然机会。种种历经艰险的大规模捕猎行动，在笼内是不会即兴重演的，那类行动只能作为一种惯常性的行为表现出来。总之，笼子里不大可能出现那样的捕猎场面，因为不具备客观条件；而这一点，也许正是螳螂所倍感遗憾的。

抓在螳螂劫持爪间的，通常是各种蝗虫，还有蝴蝶、蜻蜓、大苍蝇、蜜蜂，以及其他中等体型的猎物。我的笼中猎手，从来没有在任何活食面前表现怯懦，什么灰蝗虫和白面螽斯，什么丝光蛛和王冠蛛，迟早都要被它钩住，夹在锯条之间动弹不得，最后被津津有味地嚼碎。这情形值得详细介绍一下。

网壁上的大蝗虫，正昏头昏脑地向螳螂靠近，只见螳螂突然痉挛般一跳，刹那间拉起一副吓人的架式。电流振荡的效应，其迅疾大概也就是如此吧。情态转变得那么急骤，架式摆得那么可怕，如果是经验不足的观察者，会立即犹豫起来，把手缩回去，生怕发生意料不到的危险。就连我这惯于此道的老手，如果心不在焉，也免不了有大吃一惊的时候。你面前砰地跳出一个怪物，就像从小盒子里突然弹出的小魔鬼。

接着，膜翅打开了，顺着身体两侧斜甩下来；膜翅下面的薄翅，支成全幅展开的并列双帆，酷似在脊背根上顶起一簇硕大的鸡冠盔饰；腹端卷成曲棍弯，先向上翘，又向下压，并随着一阵突发性抖动而逐渐松弛下来；这时候会听到一种好似出气般的"呼嗤呼嗤"声，很像公火鸡开屏时发出的那种声响。人们会以为是遇到突发情况的游蛇，正吐着一口一口的气息。

身体高傲地支在四条后腿上，紧身长上衣挺得笔直。一双劫持爪，起初是收缩着并排端在胸前，现在却左右张开，交叉甩出。就在这当儿，腋窝暴露出来了，那里镶嵌着成行的珍珠，还有一个中心带白斑的黑色圆点。这约略模仿了孔雀尾羽末端斑饰的眼状斑点上，又装饰着细微的象牙质般的凸纹。左右两个斑点，是一对致胜法宝，平时藏而不露；只有在准备作战时，螳螂才打开宝器匣，将一对宝物亮出来炫耀一番，自作威风，自命不凡。

螳螂固定在怪姿势上，目不转睛地盯住大蝗虫，脑袋随对方的移动而稍做扭转。拉开这副架式，目的很明确，就是要恫吓强壮的野味肉动物，把它吓瘫。否则，对手锐气未挫，很可能制造过大的危险。

这能奏效吗？要知道，螳螂躲在白面螽斯那光头下面，或者避开蝗虫那长脸的正面而置身其后的时候，它们谁也不会察觉正在发生的事情。从它们无动于衷的面容上，的确看不出丝毫的惊慌神色。可是现在，这只处境危险的蝗虫肯定知道有险情了。它看见面前立起一个怪物，一对大钩子举得高高，眼看要落将下来。然而，虽然行动还来得及，它却明知死亡就在眼前而并不夺路逃命。它大腿粗壮，堪称跳远健将，蹦跳是它的拿手本事，蹿到远离利爪的地方去，本是轻而易举的事。不料紧急关头，它依然傻乎乎地站在原地，甚至还缓缓靠上前来。

据说，小鸟被蛇张开的大嘴吓瘫，被这爬行动物的目光惊呆，便会听任对方上来猛地咬住自己，自己却根本不能再蹿跳。好多次了，我看到蝗虫的表现几乎和小鸟一样。这不，那蝗虫已经进入螳螂威慑力的有效范围。只见两把铁钩抡下来，钩住来者，双排齿锯条随即合拢，夹紧。不幸者在那里徒劳地抗议：空咬着大颚，空尥着蹶子。但这一关它是非过不可了。这时，螳螂折回翅膀，收起战旗；然后，重操正常姿势，开始用餐。

蚱蜢和无翅螽斯，比灰蝗虫和白面螽斯容易制服，因此攻击这些风险系数较低的猎物，不必拉什么架式，也用不了多少时间。一般情况下，只要甩出双钩就够了。用同样的办法对付蜘蛛也绰绰有余，只管拦腰一夹，不用担心有什么毒钩。自由撒放在笼子里的小蝗虫，是一道大路菜。和它们打交道，螳螂极少使用蛮横粗暴的手段。它一定要等呆头呆脑的小家伙走到足够近的地方，而后不动声色地把它抓住。

如果要捕捉的活食是有能力反抗的，不可等闲视之，那末螳螂就拉起那副恫吓、威慑的架式，双钩相应采取一下子钩死不放的方法。接着，捕狼夹一个闭合，夹住惊呆的牺牲品，叫它连招架之功都施展不上。猎手以突然拉起打斗架式为手段，置猎物于失魂落魄的境地。

摆出怪姿势时，翅膀也起着很大作用。螳螂的翅膀非常宽阔，四周边缘是绿色的，其他地方是无色半透明的。沿长度方向分布着许多经翅脉，散射成扇面状。还有许多较细的纬翅脉，成直角地横在经翅脉之间，共同形成为数甚多的网眼结构。螳螂拉着打斗架式时，双翅是展开的，支立成两个几乎贴在一起的并列平面，其状与昼蛾休憩时一样。与此同时，在双翅之间，翘卷着的腹端做出一连串的冲动动作。肚皮在翅脉上摩擦，发出一种吐气似的"呼嗤呼嗤"声，我们在前面曾把这声响，比作处于防卫状态的游蛇的动静。只要把手指贴在平展开的翅膀的正面迅速移动，就可以模拟出那奇特的声响。

几天未进食，饥饿难忍的螳螂能把和自己同样大小，甚至比自己还大的灰蝗虫，整个吞进肚里，只剩下过于坚硬的翅膀。一份大得惊人的野味肉，只消两个时辰就啃干净了。如此暴食，实属罕见。这样的暴食我观赏过一两次，心里总不免犯嘀咕：这饕餮之徒上哪儿找能盛这么多食物的地方呀？容量必小于容器的公理，怎么单为螳螂的利益而颠倒了逻辑呢？让我不禁赞叹的是，一副肠胃竟有如此高超的性能：原料尽管从那里经过，随后就能被消化，被吸收，一切都荡然无存。

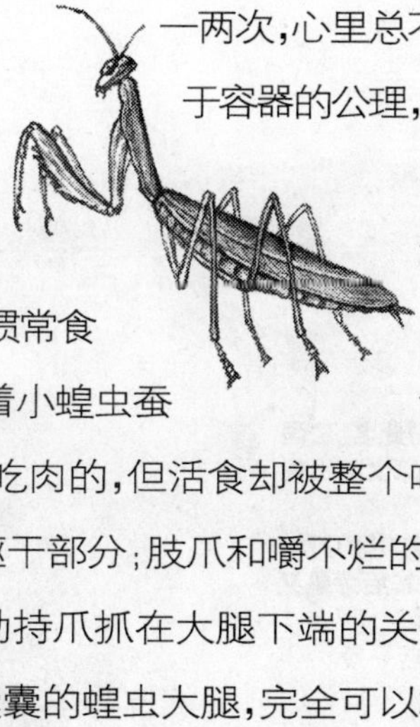

蝗虫是笼中螳螂的惯常食品。这类野味肉身材不等，品种繁多。观看螳螂用劫持爪那对钳子夹着小蝗虫蚕食，也是桩饶有兴味的事情。虽说那尖尖的小嘴看上去不是用来大口吃肉的，但活食却被整个吃尽了，剩下的只有翅膀。当然，其中被消化吸收了的，惟有长着肉的躯干部分；肢爪和嚼不烂的硬皮，只是穿肠而过罢了。时常看见螳螂握着一根后肢的大腿段，那劫持爪抓在大腿下端的关节上，不断送到嘴边，细嚼着，品味着，小脸上流露出惬意的神情。鼓囊囊的蝗虫大腿，完全可以算是螳螂的一块上等好肉，大概等于我们吃的一块羊肉吧。

猎物先从颈背部位开刀。一只劫持爪将钩获的活食拦腰握住，与此同时，另一只劫持爪按在头部，致使脖颈背面的结合部张开一道缝。就从这没有甲胄保护的地方，螳螂把小尖嘴探进去，一点儿一点儿地啃咬，颇有股锲而不舍的劲头儿。眼看着，颈部张开一个偌大的创口。头部淋巴结既已损坏，蹬踹也就自动平息下来，猎物变成不能活动的肉体。这以后，行动自由多了，嗜肉成性的虫子开始尽情享受，爱吃哪儿的，就吃哪儿的。

①修女袍：螳螂的俗称，因为它长长的膜翅好像修女披的长袍，故得此名。法国人至今沿用这一称谓，法国昆虫学界也以此作为该虫类的学名。原文再出现"修女袍"（Mante）称谓时，酌情译作中国人通常所称的"螳螂"。

②髋部：作者所称的髋，指螳螂胸段与腰段结合部位生出的一对"镰刀"的刀柄一段。顺便说明一句，螳螂的腰段后部生着的是两对支撑肢爪，其后才是又宽又长的腹部。

③作者所称的大腿，在髋（刀柄）的前面，是"镰刀"两段刀身中的后一段。

节译自原著第5卷《螳螂猎食》

绿螽斯的怪异胃口

LA SAUTERELLE VERTE

眼下是七月，按照日历，伏天现在才开始；但实际上，酷暑已经赶在了日历的前头。几个星期来，气温高得折磨人。

人们今晚在镇上欢度国庆。顽皮的孩子们，正围着一堆快乐之火蹦蹦跳跳，火光影影绰绰地映在教堂钟塔的钟面上。“扑叭扑叭”的鼓声，给每束火焰增添了庄严气氛。我独自一人，躲在黑暗的一角，置身于晚上九点时已颇显凉爽的环境之中，倾听着田野的节日大合唱，这是庆祝收获的欢唱。这种节日，比起那正在村镇广场上由火药、燃柴捆、纸灯笼乃至烈性烧酒所欢庆的节日来，可要庄严壮丽得多，它透现着美所固有的朴实，显露着强大所固有的安宁。

时候不早了，蝉鸣停下来。饱享着光明和热量，它们把整个白天都花在了交响乐上。黑夜既已来临，它们应该休息了；可休息却不时受到惊扰。梧桐树厚密的树冠里，突然传出惨叫般刺耳的短促声响，是蝉在绝望哀号。趁它高枕无忧之际，绿螽斯一把抓住了它。攻势凌厉的夜间猎手蹿到蝉身上，拦腰抱住，剖开肚皮，随即在里面掏找起来。得手后，先是奏响狂欢曲，接着便开始一场残杀。

我家附近一带，绿螽斯好像不是能经常见到的虫种。去年，我计划研究这种蝗科昆虫，可总是找不到它，只好向一位护林员请教。根据他的指点，我终于从拉嘎尔德高原捉到两对。那里属寒冷地区，山毛榉时下已开始爬上旺杜峰了。

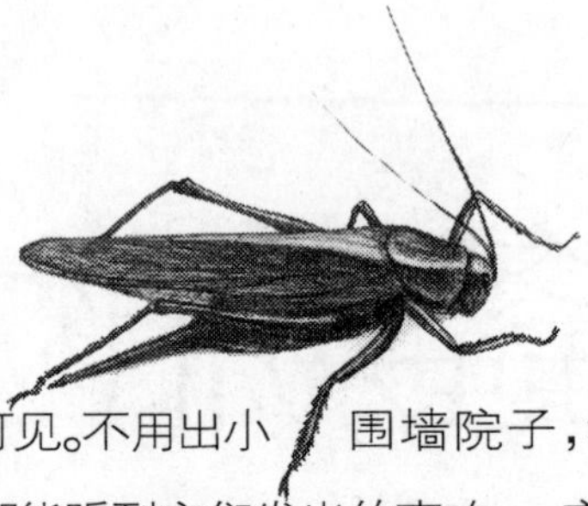

好运气要先开一连串玩笑捉弄人，过后，那些坚定不移的人是会受其青睐的。去年找不着的虫种，今夏却几乎随处可见。不用出小围墙院子，我便如愿以偿，找到了螽斯。一到晚上，所有郁郁葱葱的矮树丛里，都能听到它们发出的声响。一定得利用今年这意外的好条件，不然的话，机会也许会失而不可复得。

从六月开始，我便将足够数量的一对对螽斯，安顿在一只金属网做的钟形笼里，笼子坐落在盛着沙土的瓦罐沙床上。这昆虫太美了，天哪，浑身莹莹淡绿，腰间缠着两条银白的饰带。它们体型得当，身材苗条，生着纱罗质般的大翅膀，无疑成了蝗科昆虫中最漂亮的一种。我为捉到这样的俘虏而欣喜。它们将教给我什么？以后才能知道。眼下是要养活它们。

我给这伙囚徒投喂莴苣叶。它们果然啃咬起来，只是吃得很少，仿佛不屑启齿似的。原因很快搞清楚了：我与之打交道的，都是些不那么甘心当素食主义者的家伙。它们需要的是另一种东西，似乎是某种捕捉物。那末究竟是哪一种呢？偶尔的一次机遇，让我知道了它们想要的是什么。

黎明时分，我正在门前踱步，忽然从近旁的梧桐树上掉下个什么东西，还发出吱嘎吱嘎的刺耳声响。我马上跑过去。原来，一只螽斯正在掏空一只蝉的肚子，那蝉已是身陷绝境了。任凭蝉在那里划动爪子，挣扎喊叫，螽斯却紧紧抓住不放，把头探进对方胸腹深处，一小口一小口地摘除五脏六腑。

我明白了：袭击发生在树上，时间是一大早，此刻的蝉正处于休息状态；面临活体解剖的不幸者突然一跳，于是乎，擒拿者和被擒者抱作一团，从树上跌落下来。那以后，我又多次碰见了同样的屠杀场面。

我甚至看见过，一身是胆的螽斯蹿上前去，尾追没头没脑夺路飞窜的蝉，此情此景，犹如苍鹰在空中尾追云雀。这一回可以说，打劫成性的鸟类都比不上昆虫。鹰是向比自己弱小的对象发难；这飞蝗则相反，它所突袭的是比自己大得多，强悍得多的庞然大物。两种昆虫体魄悬殊，然而格斗到最后，小个子毫不含糊。螽斯有强劲的下颌作尖口钳，极少出现来不及划开被擒者的情况。被擒者没有武器，只能叫喊着挣扎。

最关紧要的是要控制住猎物。这一点，在夜间乘猎物昏睡之机行动，相当容易做到。凡是被这残忍的蝗科昆虫夜巡时撞见的蝉，无一不可怜地断送性命。现在我明白了，万钹①齐喑已经很长时间，深夜不该再有鸣响，为什么还时而从树冠里突然传出吱嘎吱嘎的哀号。那是身裹淡绿衣装的强盗，刚刚蹿上去咬住了初入梦乡的蝉。

我那些食客的菜单找到了：今后就喂它们蝉。它们果真觉得这道菜非常可口，只消两三个星期，笼中空场就变成了停尸场，死蝉的脑袋、空胸壳、离体翅膀和脱节肢爪，比比皆是。只有肚子不见了。肚子是块好肉，虽说营养不高，但味道看来一定很不错。

的确，蝉的嗉囊里收集着糖浆，那是它用自己的木工钻，从鲜嫩的树皮层里钻出来的甜树汁。是否为了这蜜饯的缘故，猎物的腹部赢得捕猎者的偏爱，致使它不惜舍弃其他的部位呢?这很有可能。

为了使饮食多样化，我还贸然向它们投喂了甜果类食物，包括梨块、葡萄珠和甜瓜碎片。结果，没一样不合口味，螽斯们交口称赞。绿螽斯就和英国人一样，酷爱配有果酱的牛排。也许，这恰恰可以说明为什么螽斯捉住蝉后，急于剖开的是大肚子。因为从肚子里，可以获得美味肉加甜食的配制食品。

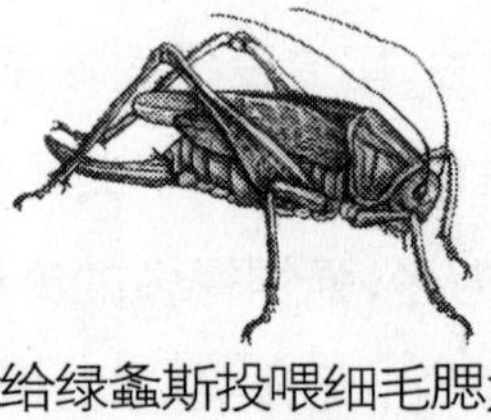

这种甜味蝉肉，不可能是所有地方的食用品。北方的绿飞蝗也非常多；然而，此类昆虫在我们这里吃起来没够的美味，在北方恐怕是找不到的。那里的绿飞蝗，应当拥有别的食物来源。

为使我的想法得到证实，我给绿螽斯投喂细毛腮角金龟，这是在夏季用来顶替春季腮角金龟的一种昆虫。这种鞘翅昆虫一投入笼子，便被不加迟疑地接受了，而且吃得只剩下鞘翅、脑壳和足爪。再投喂华美而肉肥的松树腮角金龟，同样颇受欢迎。到第二天察看时，这奢华的食物已经被我那群屠宰班的士兵们开了膛。

这些实例很能说明问题。它们证明，螽斯是嗜虫成性的食品消费者，尤其喜欢吃外层保护壳不太坚硬的昆虫。它虽然特别爱吃肉食，却不像螳螂那样嘴刁，螳螂是非猎获物不吃的。专事屠蝉的刽子手，懂得用植物来调剂热量成分过高的食谱。肉和血之外，它还要再配上水果甜渣；甚至有的时候，实在找不到更好的东西，那末配上点儿草类也可以。

尽管如此，同类相食的现象依然存在。诚然，螳螂那里频频发生的野蛮行为，我的飞蝗笼里是看不到的，没有那类叉住情敌或吞吃情侣的现象。然而，如果笼中哪位虚弱者倒下了，那末幸存着的同类们，便一会儿也不耽搁，及时将尸体派上用场，就像对待普普通通的猎物一样。食物匮乏这理由是不能成立的，可它们偏要用死去的同伴充填肚子。倒也是，所有有刀类昆虫②都程度不同地表现出以跛瘸同伴为食的癖好。

这个话题就说到这儿，现在还是来看我的螽斯吧。它们非常和睦地在钟形笼下过着和平共处的生活。它们从来不发生凶狠的吵闹，充其量只在食物问题上出现少许争执。我刚才投放了一块梨，立即有一只飞蝗在上面耍起威风。它惟恐梨块被别人夺走，在那里尥起蹶子，把任何前来啃咬可口食品的同伴蹬开。个人主义哪儿都有。肚子饱了，位子让给下一位，下一位又是个容不得他人的家伙。就这样一位接一位地，全体笼中动物都到这儿来下了馆子。吃饱以后，大家用大颚尖搔搔脚掌，用蘸了口水的湿爪子把额头、眼睛擦得锃亮。接下去，要么用爪子抓在粗麻布片上，要么俯身卧在沙土上，一个个摆着沉思冥想的姿势，悠然惬意地消消食儿。白天里，大部分时间都用来休憩，特别是气温最高的那几个时辰。

到了傍晚太阳落山后，众螽斯才群情振奋起来。晚上九点钟光景，活跃气氛达到高潮。大家以爆发般的冲动爬上圆顶，然后又以同样的急躁性情爬下来，接着还要再爬上去。同伴们你来我往，一片嘈杂。有的在环形跑道上奔跑，蹦跳，应接不暇地把一路撞见的艳情韵事收入眼底。四下里到处有发着尖叫的雄螽斯，它们站在一旁，用触须挑逗过路的雌性。未来的母亲们，神态严肃地散着步，身后拖提着那把大刀。坐卧不安、心急火燎的雄性们，现在要干的头等大事就是交配。有经验的人只要看上一眼，就能猜透它们的心思。

这个情况也是我的重要观察课题，所以说我的愿望得到了满足；但又仍未完全满足，因为接下去的事情，时间拖得太晚，致使我没有能赶上婚事的最后一幕。那一幕，要等到深更半夜或者一大清早，才会上演。

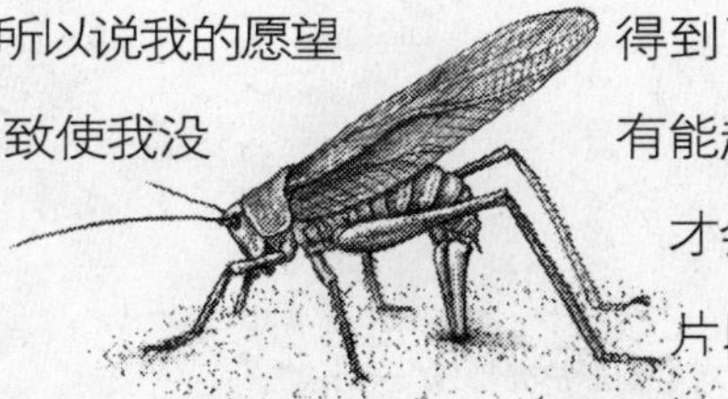

我仅仅看到了冗长序幕中的一个片段。热恋中的一对情侣，几乎是头碰着头地对脸站在那里，互相长时间地触摸，彼此用柔软的触须向对方探话。你会以为眼前的是两位不愿劈杀的剑场对手，正一次又一次地把恋和的花剑搭在一起。每隔一段时间，雄性鸣叫片刻，可那琴弓刚简单拉了几下就停下来，恐怕是激动得拉不下去了。时钟敲响十一点，倾吐衷肠的场面仍未结束。实在遗憾，我已经困倦难忍，无奈只好放弃了那对夫妇。

第二天上午，雌螽斯产卵管根部的下方，挂上了一个怪玩意儿，那是盛着生命种子的口袋。其形状像个乳白色的细颈瓶，体积有一只天平砝码那么大，隐约隔成数量不多的几个长圆形囊泡。当这雌虫行走的时候，细颈瓶擦在地皮上，被粘上去的沙粒弄脏。过了一会儿，它开始用能够使自己受孕的细颈瓶大摆筵席，慢条斯理地把里面的物质吸干；然后猛地一下咬住剩下的薄皮囊，长时间反复咀嚼这带黏性的残留物，最后全部吞咽下去。不到半天工夫，乳白色的累赘不见了，连最后一粒细末都被津津有味地吃进肚里。

这种难以想象的吃筵席法，仿佛是从外星引进的，与地球上的作法大相径庭。蝗科昆虫是个多么奇异的世界啊。它们既是最古老陆地动物界的一种动物，又如同蜈蚣和头足纲昆虫一样，是迟至今日仍因袭古代习俗的一种具有代表意义的实例。

①钹：作者将雄蝉腹下发声器的一对半圆形护壳称作“一副钹”，原著中经常使用这个形象化的称呼。
②有刀类昆虫：是指雌性腹端生有细长刀剑形产卵器的昆虫。

节译自原著第6卷《绿螽斯》

蝉卵的遭遇

LA CIGALE: PONTE ET ECLOSION

一次又一次，当雌蝉正全身心投入那桩母亲独有的事务，随着卵粒不断排出并固定就位，一种很不起眼的小飞蝇也正在从事消灭蝉卵的工作。这飞蝇同样有一只小钻探器。雷奥慕尔其实已经见过这蝇虫。他在几乎所有被观察的枝干上，都遇到过飞蝇那蠕虫形态的幼虫，但这情况从来都没有引起他的注意。因此他没有看到，也不可能看到这大胆的破坏分子的作案行动。这是一种小蜂科昆虫，身长五六毫米，通体墨黑，长着一对前端渐粗的触角。钻孔器出套后，固定在腹下中央部位，与身体中轴线恰成直角，位置与褶翅小蜂的产卵器相同。褶翅小蜂是数种蜜蜂的祸害。这灭绝蝉类的小矮子大概已经载入昆虫分类词典，但由于不够重视而未曾把它当作研究对象，我至今尚不清楚，分类词典的编纂家们究竟送给它的是怎样的名称。

然而，我清楚地了解它那不声不响的野蛮行径。在抬抬爪子就能把它踩烂的庞然大物身边，它竟恬不知耻地利用对方的宽厚，肆无忌惮地为非作歹。有一回，我看见三只飞蝇，合伙欺负一只正在产卵的母蝉，那真是一场灾难。它们站在蝉的后脚那里，其中一只把自己的产卵管钻进蝉卵团，另两只等着捕捉下一窝蝉卵排出的时机。

母蝉刚又安顿好一窝卵，正向上稍做移动，开始钻下一窝卵的洞穴。强盗中又有一位，连忙赶到母蝉离弃的地点。它虽然擦碰着巨虫的爪尖，但是却毫无惧色，仿佛是在自己家里干着值得称道的活计，把钻探器抽出工具套，插进蝉卵的竖洞。它不是顺着布满木纤维断茬儿的钻孔往里插，而是顺着洞口边上的缝隙。摆弄这工具得花上些工夫，因为工作点上的木头几乎尚未经过任何加工，母蝉可以从从容容地在上一层楼的居室中安顿下一窝后代。

蝉刚刚产完又一窝卵，另一只飞蝇，就是落在后面没捞到活儿干的那只，立即接替了蝉的位置，给蝉卵接种上自己那毁灭性的疫苗。当母蝉最后飞去的时候，大部分卵室均已如此这般地容纳进一颗异类的卵粒，它将最终让蝉舍里的一切尽遭毁灭。不久，将有一只蠕虫抢先孵化出来，取代蝉的家庭，独霸一间居室，独享一份肥美的十二黄儿蛋①。

①蝉在每一产卵洞中产十二粒卵；作者把一窝十二只卵比喻为“十二黄儿蛋”。

译自原著第5卷《蝉的产卵和孵化》

松　　　　毛　　　　虫

螳　　　　　　　　螂

蝉和蚂蚁(普罗旺斯民间诗[1])

LA FABLE DE LA CIGALE ET LA FOURMI

一

上帝有眼，天气多热！真是蝉的美好时光！
它快乐得要命，尽情饱享
那散射的火焰；这季节正好把庄稼收获。
庄稼汉身埋在滚滚金浪，
弯着腰，敞着怀，辛苦劳作，早已无心闲唱；
可嗓子眼里，喉头却咽成一串干渴之歌。

这天气是你小蝉的福份。使劲发挥专长，
让你那对小钹嘎嘎叫响；
再扭起肚子来，让那两片镜子耀眼闪烁。
割麦的人此时镰刀挥扬，
刀头不停翻动在那大片焦黄的麦穗上，

钢刃明光闪闪，带着响从麦浪中间穿过。

磨刀水小铁罐，罐口一团草堵成塞子样，
挂在腰胯间左右地晃荡。
磨刀石躲在木壳套里避暑热，着实不错，
还不断出来把凉水饱尝；
人却被火舌舔得张着嘴喘气，好不心慌，
直觉得骨髓滚烫，已经像沸腾了的粥锅。

可是蝉，你却有充沛的源泉作解渴保障：
你尖细的嘴插在树皮上，
一眼胀满可口汁液的水井便钻妥。
甜汁顺着细管升入口腔。
你与涌冒甘泉的甜井嘴对嘴亲热一场，
大口大口用渗入井壁的高糖汁液解渴。

可日子不会总这么安定太平，如意吉祥！
左邻右舍尽是窃贼流氓。

盯着你开出井，它们口渴，一步步往前挪，
想把自己的小杯也满上。
当心，可爱的蝉。看这群穷光蛋的下贱相，
来时神色低人一等，顷刻间便放肆掠夺。

它们只能沾湿嘴角；你所剩的余汁残汤，
已不能满足它们的欲望。
它们翘起头，想占据水井。它们会这么做。
它们用爪耙搔你的翅膀；
在你宽阔的脊背上爬高上低，一阵乱忙；
抓住你的长嘴、双角和根根脚趾摇着扯；

这里拽完又拽那里。你忍不住火冒三丈。
你撒了泡尿，哈，这下真棒！
浇了它们一身；然后你离开树枝挪了窝。
你飞到远离败类的地方。
它们刚才抢了你的井，现在正满心欢畅，
得意地舔干净粘在嘴唇上的蜜汁黏沫。

这群坐享其成的流浪汉以霸道为荣光，

其中蚂蚁耍赖本事最强。

苍蝇、大胡蜂、小胡蜂和鳃角金龟那一伙，

虽说都耍骗子手的伎俩，

但它们想起要凑到井边，原因在于太阳；

惟独蚂蚁它鬼心大，非要赶你走开不可。

踩你脚趾、挠你面孔、捏你鼻子这些名堂，

还有躲在你肚皮下乘凉，

此类坏事，心术不正的蚂蚁能干得出格。

小坏蛋抓在你一条腿上，

斗胆包天当梯子，它一直爬上你的翅膀；

随后散起步来，无礼横行踏得你直哆嗦。

二

有种说法不可信，是瞎编。

早年间的人曾这么流传：

从前有一天，你没了吃的挨饿，是个严冬。
垂着头，背着人，拉下脸面，
你向蚂蚁的地下粮库走去，想讨个同情。

大批冬粮尚未往窖里搬，
正摊在太阳下晾晒风干，
昨夜的露水，使蚂蚁家的麦粒潮气加重。
它用晾干的，把口袋装满；
这时候你突然到来，挂泪的双眼已哭红。

你对它说："太冷啦，这冬天，
寒风吹饿鬼，我东跑西颠。
你这堆成山的粮食，我看一辈子都够用，
发发慈悲，让我装一褡裢。
天气暖和后我会用甜瓜还你，我敢保证。

"求你借些麦粒吧，好伙伴。"
趁早走，别以为它会听见，

大袋大袋的粮食，一把一口也不会奉送。
“离我远些，去把空酒桶舔；
冬天里饿死，夏天里唱歌的你就该这命！”

这段故事就是古代寓言，②
它教人学吝啬，不慈不怜，
遇此事不予理睬，趾高气扬勒紧钱袋绳；
空腹症搅他个饥肠不安，
好好让异想天开的大笨蛋们作白日梦！

寓言家他令我不禁愤懑，
他说你大冬天四外寻探，
为的是你从来不吃的麦粒、苍蝇和小虫。
真是的，麦粒与你何相干！
你别的什么都用不着，你有你的甜水井。

冬天对你又算什么困难！
你的后代已在地下睡酣；

你自己也以长眠方式，一睡就永远不醒。
你的尸体，成了落地碎片。
到处搜索的蚂蚁，有一天撞见你的残形。

你的干壳遗骸停在路边，
蚂蚁竟像捕得猎物一般：
恶人掏空你的胸膛，切碎你的干肉皮层， 当腌肉储藏在地洞里边，
冬天一下雪，用你作佳肴，真个滋味无穷。

三
这就是事情经过的真相，
和寓言讲的完全不一样。
你们感想如何，昧良心的！
专占小便宜的无耻嘴脸，
手上带钩，捞得大腹便便，
你们崇拜银币，信条是有钱能使鬼推磨。

你们，坏蛋，放出蜚语流言，

说艺术家从不劳动苦干，
那唱歌的本该自食恶果。
闭上嘴，别这么大言不惭。
出酒时钻透树皮的是蝉；
它在世你们剥夺，它死后你们仍不放过。

①法布尔收集到这首普罗旺斯语的诗歌作品，觉得十分精彩，于是译成法文，收入自己的作品集。原诗每节六行的韵脚为AABAAB，每节五行的为AABAB。）
②这里指的是拉·封丹的寓言。

节译自原著第5卷《蝉和蚂蚁的寓言》

坚果象的开钻

LE BALANIN DES NOISETTES

我们有些机器的部件，看上去很古怪。处在静止状态下，你对它们的作用百思不得其解。然而等机器运转起来，这怪家伙的齿轮铰合转动，联杆开启闭合，我们便看清了设计巧妙的组合机制，而且发现整个系统中的每个部分，都是为实现预定功效而被颇具匠心地安装在各自的位置上。各种象虫具备的，正是这样的机制。这当中，坚果象的情况尤其如此。所谓"坚果象"，顾名思义，就是以开发橡栎子、榛子和诸如此类坚果为业的象虫。

在我居住的地区，最引人瞩目的象虫是坚果象。这名字起得真妙！多么能让人产生想象！唔！滑稽的虫类，嘴上还叼着根怪烟斗！烟斗通体棕红，细如马鬃，近似笔直，长长地前探着，足以防止打前失。这工具很绊脚，坚果象非伸直了携带不可，结果就像装备着一根刹车用的尖头戳棍。一根过长的尖头桩，滑稽的长鼻子，它究竟有什么用?

我看到，当你提出这个问题时，便有人轻蔑地耸耸肩膀。假如人生的惟一目的果真是不择手段地赚钱，哪怕是见不得人的手段，那末这样一类问题当然要被当成无稽之谈。

好在还有一部分人，在他们看来，各类事物的问题都是严肃大事，绝无微不足道可言。他们知道，思想的面包是用怎样零星琐细的面球球揉制的，然而

却和五谷杂粮的面包一样不可或缺；他们明白，如此集耕耘者和提问者于一身的人们，是用日积月累得来的面包渣供养着世界。

让别人把不耻下问看作可怜行为吧，我们继续往下谈。即使你没有看见坚果象操作，也已经可以猜想到：它那古怪的嘴里伸出的是一把长杆钻，作用和我们穿透坚硬物体的各类钻头相似；大颚恰好是一对钻石尖，它们构成钻头尖端的高硬度齿甲；这种象虫的工作条件比菊花象的艰难，它也效法菊花象，利用自己的钻头，开掘安置卵粒时用的通道。

这样的分析颇有道理；但猜想毕竟缺乏可靠性。只有亲眼看见坚果象工作，我才能了解清楚这个秘密。

机遇为偶然性所致，但只要你能沉住气，坚持不懈地恳求，它就会为你效劳。十月的上半月，机遇终于照顾到我头上，让我遇到了正在做工的坚果象。但事情又令我格外惊讶，因为此时节气已晚，一般而言，所有技能型工作现在都应该已经做完了。寒潮初袭之日，也是昆虫季节结束之时。

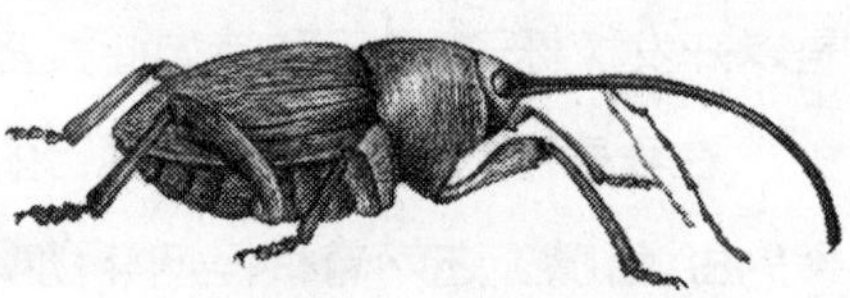

可巧，那一天天气恶劣，刺骨的北风呼啸着，像小刀子一样割裂人们的嘴唇。这种日子里出去察看灌木丛，非得有坚定不移的信念不可。我产生一个念头：象虫会不会正在用长杆工具开发橡栎子呀?既然已经想到，那末就该立即去看个究竟才是。颜色依然鲜绿的橡栎子，个头儿已经长足了。再过两三个星期，它们就要变成熟透的褐色坚果。其后不久，便会从树上掉下来。

这趟发了疯似的出巡，竟给我带来了收获。在黑绿的橡树上，我突然发现一只坚果象，前半截长鼻子插进一颗橡栎子。观察它，必须做到细致入微，可是干冷的北风猛烈地刮，橡树摇摆得厉害，观察难以进行。我折下细枝，轻轻平放在地上。那虫子没有因地点变更而产生警觉，依然干着它的活儿。我跪在它旁边，借着矮树丛遮挡大风，目不转睛地盯着它工作。

坚果象的脚上，蹬着带黏性的击剑鞋。后来，在我的设施里，它们兴冲冲地在光滑的玻璃壁板上垂直攀登，靠的正是这种鞋。此时此刻，坚果象牢牢站在溜光倾斜的拱形表面上，操作着自己的弓摇钻。它绕着细长的尖头桩移动步伐，显得笨手笨脚的。它以钻尖为中心，先顺一个方向绕上半圈，然后再顺相反方向绕回半圈。就这样，一口气来回绕了许多个半圈。我们握着简易钻在木头上钻孔，手腕来回旋动；坚果象钻孔的方式，和我们如出一辙。

节译自原著第 7 卷《坚果象》

矮栎树胭脂虫

LE KERMES DE L'YEUSE

窝巢本身让我们看到，母亲是在按最高标准施展自己的技艺。还有些不依赖窝巢养育新生儿的方法，同样令人赞叹不已，透现着的是母亲对后代的倾心爱抚与呵护。挂在网上的狼蛛，拖着绊腿绊脚的卵囊行动。之后在整整半年时间里，又背着紧紧挤成一堆的孩子，领着它们坐在自己脊梁上散步。同样，蝎子也是把孩子们驮在背上看护它们，它让孩子们在自己背上呆上十五天，变得强壮起来，直到它们脱离监护才罢休。蜡衣虫从体内分泌出白蜡，当即用蜡材在腹端部位做成一个精致的小套筒。幼虫在用絮状物装修起来的套子里孵化，舒舒服服地成长发育，直到弃套而走。柔软的卧室已经开了一孔窄通道出口，隐居者到了有能力在营养丰富的大戟植株上自立的时候，可以一个接一个排着队从那里出去。

卑微者中的卑微者——矮栎树胭脂虫，找到了更妙的方法：母亲变成了不可攻破的要塞，它把自己那干硬得像乌木壁垒般的皮肤留下，作子女们的摇篮。

到了五月，我们到阳光充足、气温较高的地点去，耐心视察矮栎树的一簇簇枝叶。我们还要参观一种杂乱的灌木丛，这种灌木长满小尖叶，当地普罗旺斯农民叫它“阿瓦于斯”，植物学家称之为胭脂栎。这种其貌不扬的灌木，我们一迈腿就能跨过去，然而它确实是一种栎树，栎树该有的它都有。

不信你看，那粗糙的蒴果上，不是夹裹着很像样的栎实坚果吗？我们从圣栎树上能收获的东西，从它身上也完全可以收获到。不过，那种很一般的栎树，我们不用去看，也就是那种英格兰栎，因为那种栎树上根本不会找到我们今天要找的东西。只有圣栎树和矮栎树，值得我们仔细观察一下。

我们会在栎树上看见，这儿几个、那儿几个地生着一些乌黑油亮的小球球，大小就和豌豆差不多。那就是胭脂虫，一种极其奇特的昆虫。这东西，它是种动物？不知道怎么回事的人，万万想不到事情就是这样，他以为那小球球是浆果，或者是醋栗的黑栗子。如果把小球儿放进嘴里，用牙一咬，它会裂开，有种微苦中带甜的味道，结果更会让人产生上述错觉。

这挺可口的果实，据说是动物，是一种昆虫，那我们得好好看看，用放大镜仔细观察观察。你拿起放大镜，仔细寻找虫头、虫腹和虫爪。找来找去，根本没有头，也绝对没有腹肚和足爪，整个小球儿倒像一种用煤玉加工出来的规格十分标准的珠子。上面是否有昆虫特有的体节？一点儿也没有。这珠子表面像磨光的象牙一样光滑。它是不是在微微颤动，是不是能看到它具备活动能力？纹丝不动。宝石也没有这么牢牢固定的。

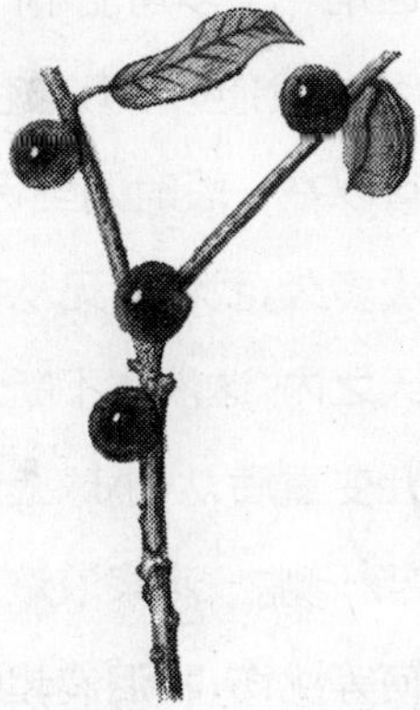

也许在小球儿下部，在它与细枝的接触面上，能找到点儿动物身体构造的痕迹。小珠儿很容易就从树枝上摘下来了，和摘浆果一样，完整无损。球体根基部分略呈凹坑，粘着一层蜡质白皮，此处形成一个漏出稠浆的小孔，浆液很黏。在酒精里浸泡二十四小时后，这层蜡质溶解了，我们想检查的那小片区域暴露出来。

放大镜一丝不苟地工作着，到头来它没能在小球儿底部发现爪子，也没找到爪钩的痕迹。按理说，爪子和爪钩尽管细小，可它们是起固定虫子身体作用的呀。放大镜也没有发现虫子的吸管。可吸管是要用来插进树皮吸吮树汁的呀，那是这虫类不可或缺的食物。球底部分不如球顶部分光滑，但也和小球各部分一样，什么都没有。真可以说，胭脂虫就是简简单单和枝叶粘合在一起了，除此之外与枝叶再无其他联系。

事情不会是这样。黑珠子得到滋养，它不断长大，它在不停地往外倾倒一种产品，那产品像是某位甜酒制造商的作坊里酿制出来的。要经得起这么大量的流失，它必须至少有一个会钻孔的喙，能插入多汁液的树皮。它肯定有这样的喙，只是太细小，我这双疲劳的肉眼辨别不出来。也许是在我摘下胭脂虫那一瞬间，那把吸液体的工具收缩了，缩进了体内，成了肉眼看不见的东西。

小球儿球体朝向树枝的一侧，有一条长度几乎与半球子午线相当的宽沟。宽沟下端深窝儿处，开着一道像衣服扣眼般的小口，位置在小球根部的下侧。胭脂虫与外界的联系，全靠的是这个小口。这是一个多功能小门，其中第一个功能，就是充作流淌甜浆的泉眼。

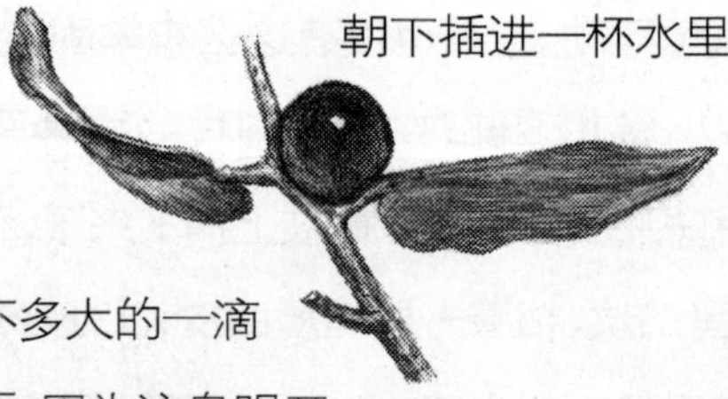

我们折了几枝住上胭脂虫的矮栎树枝叶，断口朝下插进一杯水里。这样，树叶可以在一段时间里保持新鲜，使胭脂虫仍能继续过安生日子。没多久，我们看见从扣眼小口处冒出一种无色透明的液体。两天之内，这液体不断渗出，形成与蓄水小球个头差不多大的一滴浆液。液珠儿变重后，从小球上滴落下来，但没有淌过小球表面，因为这泉眼开向球底的根部一侧。一滴浆液滚落，另一滴浆液又开始渗出。这甘泉不是间歇泉，它源源不断地流动着。这小球何等忧伤，眼泪淌起来就没个完。

我们用手指尖接过小蒸馏器滴出的液体，送到舌尖尝一尝。啊，味道真不错！气味、滋味俱佳，与蜂蜜不相上下。如果胭脂虫可以大量饲养，其产品可以尽情收取，它岂不就成了我们十分难得的一位甜味食品制造商了嘛。它的确成了供别人起劲开发的对象。

这里所说的别人，就是那些从容不迫的收获者——蚂蚁。不过，蚂蚁赶往胭脂虫那里时的劲头儿，可比往蚜虫那儿去的劲头儿足多了。蚜虫吝啬，美味食品不愿意拿出来。要从它身上吸上极小极小的一口，必须先用触角梢央求好长时间，还得用触角梢给它舒舒服服地刷刷大肚皮。胭脂虫为人慷慨。无论何时，它都心甘情愿地让有意者随便来喝它酒桶里的佳酿。不仅如此，它慷慨奉送时，琼浆还要流淌着献给你。

在蒸馏器旁，蚂蚁正忙得不亦乐乎。它们挤在那里参观艺术品，而后每组三四位，轮流舔磨小军用水壶形容器的开口处。不管胭脂虫在栎树上多高的叶簇中，蚂蚁都能令人叫绝地找到它。什么时候看见一只蚂蚁头也不回地往上爬，我只要用眼睛盯住它就行了，它把我径直领到那黑色小酒馆。胭脂虫尚未变成成虫时，个头儿极小，我们用目光毫无目标地搜寻时是很不容易发现的。这时候，蚂蚁就是我最牢靠的向导。特别小的胭脂虫身上，也开着一个小小的酒馆，里面从这时候起就已经和成虫一样有货了。

置身于往来自由的野境，信步于枝枝叶叶之间，众蚂蚁见到有糖浆渗淌就吸上几口，反正它们是厮守在那一带的，所以不在乎糖浆源泉是否富足。不断被吸干的小酒桶，只是在桶口周边留下些许证明此处湿润的痕迹。要想清楚地判断哪一处小球瓶是盛满了琼浆玉液的，就必须离这些酒鬼们远远的，并且单独分出一簇枝叶来。这样，在没有蚂蚁的情况下，便看见渗液很快结成大得惊人的液珠。容器盛不下渗出的液体，液体不断地流淌下来，液流因此总是那么充足。糖浆作坊，工作持久不停。什么时候浆液好像断流了，可工夫不大就又会流出来。

蚂蚁是从事蚜虫养殖的，蚜虫是它们的“奶牛”。如果胭脂虫也可以实行牧场放养，就能形成利润无与伦比的奶牛养殖业，那时候，蚂蚁们不知会经营得多么红火哩！然而，胭脂虫孤身一处不成群，总量又不大，而且无法搬移。一旦从固定的位置上取下来，它也就丧失了生命，因为它没有易地立足的能力。既然如此，蚂蚁索性就地原封不动开发胭脂虫资源，丝毫无意将它们成群养在某间枝叶荫蔽的木屋里。很明智，在条件不可能具备的情况下，兴办胭脂虫产品工业的事姑且作罢。

出产如此丰盛、谁尝了都夸的琼浆，其目的是什么？它是不是按蚂蚁的意愿在流淌？若依最终现实而论，为什么不是呢？蚂蚁投入大量成员，热情积极地收集别人遗弃的残渣，在所有活体生命物参加的大野餐中做出意义非凡的贡献。它们提供这项服务，价钱早已讲好，那就是，事后将蚜虫的触头式乳房和胭脂虫的球形泉眼赏赐给它们。

五月底的时候，我们捏裂这薄壳小黑球儿。剥开脆硬易碎的外皮，出现在眼前的是解剖结构十分简单的一团虫卵，除了小卵粒外什么都没有。三个星期来，你一直期待着最后能看到甜酒酿造商的成套设备，那些排排行行的小蒸馏釜。可到头来看到的，却是满车间的卵粒。可以说，所谓的胭脂虫，无非就是满满一匣子虫类的种子。

虫卵是白色的，挤在一起，三十粒左右一组排列着。看着按一定次序排列着的卵头，那情状叫人想起毛茛的一簇簇瘦果。由极细的螺旋导管构成的毛囊，包围着一组组伞花序状的卵粒，在它们周围形成杂乱无章的包层，使人难以确切数出卵粒数量。粗略数一下能看见的，大约有上百粒。但卵粒总数大概得有几千吧。

胭脂虫养这么多子女，究竟想做什么？这吃得很一般的炼丹术士，干的事和其他那些受命制造营养细胞的低级生物是一样的。它以超规模的数量，对付威胁自己的物种灭绝灾难。它用体内汁液，供蚂蚁作可口饮料痛饮。蚂蚁也可能是烦人的客人，但它们并无危险性。此外，它还得用自己的卵来供养一位消费者，因为如果它不忍痛接受这种大幅度消耗自己卵粒的残酷现实，对方就很可能要灭杀胭脂虫类。

我曾经在胭脂虫的作品上，找到过爱做煎鸡蛋吃的家伙。那是一种很不起眼的小蠕虫，它从一簇伞状花序卵团爬到另一簇，吃空仍有肉质的卵壳。平常情况下，这蠕虫单独行动；有时候，它也结伴同行，或两只，或三只，或更多。我根据它们在黑卵匣上的出孔做过统计，最多一次是一个卵匣里同时有过十只小蠕虫。

保险箱四外是一层难以穿透的硬壳，蠕虫怎么钻进去的？可以肯定，它是在自己还是虫卵的时候，被通过淌甜汁的扣眼通道植入的。一位母亲忽然来到这里，发现出水孔，先喝上一口，再调过头去，插入自己的输卵管。未施任何暴力，外来之敌此时已打入堡垒内部。敌人属于小蜂部落，这个部落虫民，极其喜欢掏吃内脏。幼蜂办事迅速利索，很快就显出成虫形态，接着便在六月的第一个星期里钻出小硬壳。与胭脂虫的儿子相比，小蜂儿子算得上巨人了，它身长两毫米。当初植入卵粒所用的狭窄天窗，此时已经无法通过，隐居者便靠自己锋利而有耐力的牙齿钻咬壁壳，打开一个门洞。如此这般，壳内有多少赴宴宾客，壳体最后就会出现多少洞口。它们一走，

小堡垒空了，饱满的煎鸡蛋一点儿没有剩下。

这种吞噬卵巢的虫类，身体为暗黑蓝色。它生着颜色发黑的翅膀，翅面下凹，双翅紧夹下垂，酷似一对鞘翅遮帘，看上去似乎很像鞘翅目昆虫。其头扁平，左右胸各有一块鼓突的胸甲；上下颌强劲有力，仿佛正好可以用来钻透很难对付的城墙；两只触角长长的，颤晃不停，时而打弯，前端略呈鼓突，并各有一圈白色环箍。这小虫长得矮小敦实，短粗身材，走起路来迈着小碎步。它把翅膀擦得光亮生辉，把触角刷得干干净净，一副吃空一只胭脂虫而后快的神气。我们现有的昆虫名册上有它的名字吗?我不知道，也不太关心有没有。不给它写出几行历史是不行的，仅凭几个粗鲁的拉丁字母拼写的名签也不行，同样无法向读者说明情况。

六月即将过去。甜水泉已经有段时间不流淌了。蚂蚁们不再到小酒馆来，这本身就是一种迹象，证明酒馆内部已经发生深刻变化。但是，酒馆外观没有任何改变。它依然是个黑又亮、硬且光的小球球，依然固定在打着蜡的白色根基上。我们用水果刀尖划破小乌木匣，切去顶端，也就是与基础粘连部位相对的那一端。球形匣壁板已变得脆硬，质地和甲虫的鞘翅是一样的。球形匣内部，多汁果肉一点儿也没有了。里面能发现的，是少量干面面，由白色微粒和棕红色微粒混合而成。

我们把粉末盛在一只小玻璃管里，再为我们的肉眼装备一只放大镜，然后开始观察。啊，景观令人惊异，细末面目全非了。这些粉尘在攒动，这些余灰是活的。一眼望去，其个体数量之多，犹如做细胞计数化验时见到的显微镜下场面，眼前出现数量难以统计的一大群微生物。真可谓：为了保住一种区区小虫，繁殖力可以做到要多强就有多强。

白色的卵粒，是那些尚未成熟到孵化出壳阶段的卵粒。时下已是六月末，白色卵粒数量不多。另外那些里面有小虫的卵粒，颜色是浅棕或橙黄色的。数量最多的是白色半透明的微粒，它们是已经变空、不再饱满的完全孵化后的空卵壳。

可这些破旧外衣，是按散射型头状花序的结构方式排列的，与当初卵巢中卵粒的伞状花序十分相似。这细节告诉我们，胭脂虫没有产卵过程。这就是说，卵并不是先从母腹下降，而后再落到一处母子共用的保护室中，即一个以甲壳体为空间的专用怀孕部位。它们完成孵化的地点，本身就是供胚胎发育的地方。卵巢中的总状花序结构不发生变更，排列、位置依然如故，最后成了由幼虫组成的花束结构。

普赛克蝶已经为我们提供了一个如此新奇的胚胎发生实例。实例说明，胚胎发生并不需要产卵的母虫，而是让幼虫就在卵粒所在的地点完成孵化。我们想一想那没有看相的小蝶，刚出世的模样还不如幼年肉虫形态时漂亮。它从蛹壳里抽出身来，趴在那里晾着湿漉漉的身体，此时腹部已鼓鼓地装满了卵。日后，那些卵将就在原地孵化。普赛克蝶母亲变成一个干硬的壳囊，幼虫就是从这壳体里活脱脱地爬出来。胭脂虫的情况与此相同。

我观看了胭脂虫出世的过程。要从包衣里钻出来时，新生儿在卵壳里焦急地躁动。许多幼虫能够把自己薄薄的卵皮留在固着点原地，或散射状结构体间，因此成功地出世了。还有许多幼虫，连同外套一起从卵粒团中拔了出来，长时间在身体末端拖着它。粘连并非极其严重，小虫可以带着这副镣铐逃出乌木审讯室，随后在室外自己解脱羁绊，获得自由。在小胭脂虫出生的树枝上，离母体硬壳球儿一段距离的地方，还能发现不少白色的旧衣套，如果贴近仔细观察其来龙去脉，也许你会以为小空套表明有的小虫是在胭脂虫体外孵化的。这些室外的薄皮是欺骗人的，所有幼虫其实都是在硬壳匣子里孵化的。

把乌木匣中盛满的活动尘粒取出后，我们看一眼匣子里的情况。匣内的处理装置，被一道横向设置成一圈的隔板分割为上下两层。那隔板是干透的胭脂虫留下的精巧绝伦的圣骨。胭脂虫个体本身的物质如此微薄，此时仅存的小小一只空壳即代表了它的一切。壳内其他物质块，都属于卵巢。上下两层隔室，都是新生儿们呆的地方。

当幼虫倾巢出走的时候，从下层隔间往外走比较顺当。小球室底部开着一道自始至终都敞着的门，这就是那处形同衣服扣眼的裂缝。那末，怎样才能从隔着隔板的上层隔室下到下层隔室呢？幼虫如此虚弱、细嫩，大概怎么也不会挖透这层隔膜吧。好，我们再仔仔细细看一看。隔板中央开了一个圆孔。在下层隔室居住的，直接利用了封闭住所提供的服务设施，也就是出口裂缝。在上层隔室居住的，则采取通过地板圆孔的办法下到下层隔室，再从缝隙门出去。这真是预料到壳体会产生干化效应的一种远见卓识。胭脂虫母亲在萎缩成小硬壳的干枯过程中，已经在自己身体里开出了横隔板的窥视孔。没有这小孔，幼虫中有一半就会囚禁至死。

幼虫太小了，它溜出壳室时，可以说，用一般眼力是不大容易看清的。借助于一只精良的放大镜，我们会看到一个小虱虫般大小的身影，卵巢的轮廓占了身体的很大比例，虫体末端的渐细形态比前端明显，体表呈暖橙色。六只腿爪动作很快。后来变得僵固不动、完全怠惰的昆虫，在生命开始时是操着急促的小碎步的。此时的小虫，头上有两根不断抖颤的长触角；尾部生着一对长长的透明触须，不十分注意观察都发现不了；眼睛就是两个小黑点。

在我观察用的玻璃管里，小虫显出一副事务缠身的忙碌样子。它四处游走，触角摇晃着在低低触探什么。它攀高爬低，爬低攀高，一会儿往左，一会儿往右，一路在空卵壳堆上跌跌撞撞。它是在准备离开这里，这一点看得出来。生命小微粒想走遍无极大世界。应该为它做点儿什么呢？不言而喻，该为它提供一些养分充足的树叶。我细察到它的这一需求。

院墙内有棵矮栎树，只有那么一棵，长势旺盛，三四米见高。时至六月中，正值胭脂虫幼虫开始露面的日期，我将依然附着在若干细枝上的三十个小黑球儿连同细枝一道，固定在了矮栎树上。

即使我再精心观察，一旦胭脂虫孩子们像我预见的一样分散在树上，那时候东一只西一只地追踪观察它们如何奔走迁徙就很不方便了。旅行者极其微小，旅游区极其开阔。此外，手执放大镜，在树顶及枝梢部位一片一片叶子、一簇一簇枝桠地察看，既难以做到，又会丧失耐心。

数日过后，我前去观看那些比较容易看见的情形。一部分小虫已经出走，而且像要证实这一事实似的，为数不少的白色小空壳遗弃在路上。而小虫呢，一只也看不见，细枝皮上没有，叶片上也没有。它们是不是都上到我无法抵达的矮栎树顶去了？或者是爬到别处去了？这是需要解决的第一个问题。解决这一问题的前提是，出走移民一定不能逃脱我的视野。

于是我把一些长到一拃或两拃高的矮栎树树苗，移植到盛有腐叶沃土的花瓶里。每株小树的细枝上，我都用一滴树胶粘上五、六只胭脂虫硬壳球儿，同时特别注意不把出口封堵住。这样一片人工小树林，被安置在我工作间里烈日晒不到的地方，但是却正对着窗口。

那一天是六月二日，我观看了一次小虫出巢的情形。一天中最热的时候，大约午后两点钟左右，一只只小虫离开一座不知有多少同胞群居着的堡垒。年轻的胭脂虫们，急匆匆地穿过居所那座车马通行无阻的大门，也就是扣眼缝形的出口。其中许多位都拖着破皱的虫卵壳外衣。它们翻上小球球顶停留片刻，随后便四下散在近旁的小枝叶间。数路支队汇合于小树树顶，看上去似乎对自己的攀顶行动并不满意。好几个小组顺着树干往下爬，叫我看了感到迷惑不解，不知部队究竟向什么目的地进发。忽然踏上随意迈步的广阔天地，可能心情大快之余也难免惊疑恐慌一阵。脚踏冒险征途，小虫步态略显飘忽，但是却从里到外透着迎接独立自由生活的喜悦。我们让它们尽情行动吧，其后将是一片沉寂。

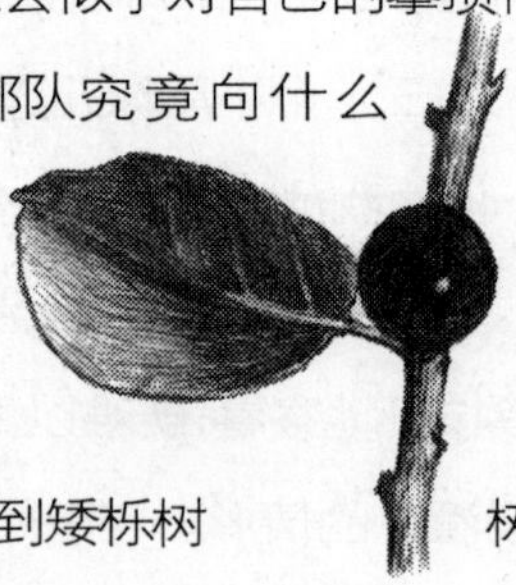

第二天，果然如此，我再也没见到矮栎树树苗上有一副小身影。它们全部爬下树去，到达了离小树树干不远的瓶底黑土。黑土刚浇过水不久，泛着碎腐叶末的土香。那里一块面积只有拇指大小的地面上，密集着一片小虫。它们全都一动不动，仿佛对它们的牧场，或者是对它们的饮水处颇感惬意。我觉得它们正在恢复自己的体力，是被安逸的环境吸引住而一动也不想动。

我来提供些帮助，好让它们尽享极乐。为使这块场地保持清新，获得少许阴凉，我把预先在杯子中浸软的几片矮栎树落叶搭在饮水处上面。现在，我的小虫子们，按你们自己的意愿去完成该干的事吧，我可不能再多为你们做什么了。

我至此才明白了你们历史中具有根本意义的一点情况，不了解到这一细节，我其余的研究工作绝不可能获得结果。我最初的那些臆测，说起来还是经过理智思索的，但确实很难成立。年轻的胭脂虫们并没有效仿自己的母亲，也在矮栎树上安身，却是下到出生之树的脚下扎了寨。它们在青苔和枯叶间找到了总算清凉的藏身处，这种地点起码在开始一段时间里，使它们从体液流失的状态中恢复过来。

再往后的问题是，它们靠什么活下来呢?让我回答的话，我还真的回答不上来哩。五、六天里，我看到它们一直成群呆在同一地点。没有一只离群，没有一只入土。可再往后，数量开始减少了。渐渐地，所有小虫都不见了，说全都化作气体失散了也可以，反正是出现了几乎又化为了乌有的景象。此前聚作一堆的生命微粒，如今没有留下任何痕迹。

显而易见，栽上一株小栎树的花瓶，不能满足日后兴旺昌盛所需的条件。当初应该同时植入草皮、根状茎禾本植物，而且还要有杂乱丛生的草本植物。丛生杂草有许多入土不深的侧根，小胭脂虫很可能会将吸管插到侧根所在的地方。事实是否如此?

我来到乡下，找到自己在五月里已见到住上许多胭脂虫的几棵矮栎树，站在树旁了解实际情况。树上确实挂着胭脂虫的一个个小家，但分布区域并不大，因为体能有限的小虫子无力做长途旅行。我在树根周围一圈土地上的各种植物丛中仔细察看，接着便开始搜寻，将杂草连根拔起来，再拿着放大镜耐心观察，无论粗根细根，都逐一查遍。这之后，我继续这样实地观察了好多次，可无论是秋天还是冬天，艰难的探查工作一无所获，小虫怎么也找不到了。

第二年，大地回春，我要再证实一下树根周围有草也意义不大。咱们这次还是回到院墙内的那棵栎树来吧。去年，我在这棵树的枝叶丛中固定了三十个已进入成熟期的胭脂虫。眼下，成队成队地从那些小黑球儿里钻出了大量的出走移民。可无论是栎树脚下，还是四周数步之内的一圈光土上，根本见不到任何虫影。无论什么样的细草粗草，在新近用铁锹清除之后，都没有在这圈地皮上再长出来。至于栎树自己的树根嘛，我总觉得不用再予以关注了：树根所处的深度，是小虫无法抵达的。

可是到了五月，一直没有胭脂虫的栎树却挂上了一个个的小黑球儿。我播下的种子，结出了丰硕的果实。去年从壳室中出去的小虫们，在土壤中度过了严酷的冬季，现在又在天气转暖的日子里回到树上，准备在那里转变成球体形态。树下这圈土地，连一丝须根都没有，它们在这么贫瘠的土壤里靠什么生存呢?很可能什么都不靠。

它们下至地面，是要寻找一处隐身地洞，而不是想找到一个食堂。如果完全像看到的一样，离地表很近的一块土质中存在一些裂缝，那末他们赖以抵御严寒的隐身处就会是成问题的。一旦气候恶劣，这些没有可靠保护措施的小生灵不知得有多少会毙命！除了有坏家伙在壳室内吞噬卵质，又有更可怕的严酷季节在制造浩劫。事情也真是这样，为了保住一条命，胭脂虫要生育数以千计的生命种粒。

再往下的故事，资料收集得不够理想。又一个四月开始了。我的三个孩子是我晚年的快乐，他们用自己那年轻人的敏锐目光支持我。没有他们相助，我为自己制订的捉虫计划大概会被我否决的，因为我的视力已无法满足捉虫的要求。上一年，我们曾在并不费眼力的距离上，轻松发现一些栎树丛中分布着许多胭脂虫。当时我用白线作记号，系在每一束有胭脂虫的细枝上。

正是在那些做过记号的地方，我的小合作者们沉住气，一片叶子一片叶子、一根细枝一根细枝地实习着勘察课。收集到的胭脂虫，经我用放大镜初检后，便放进一个植物标本盒。进一步精心查验的工作，留待集中起全部观察兴致时在我的书房里进行。

四月七日，正当我开始对自己的研究不抱什么希望的时候，一只小虫爬进了我放大镜的视野。是它，正是它！就是去年我看见它从出生套里出来时的那副样子，就是我现在又看见了的这副模样。它的面目毫无变化，依然是那个外形，那种颜色，那副身材。它走来走去，匆匆忙忙，看来是在寻找一个它觉得合适的地点。只要树皮上出现一点皱纹，它便从我的视野中消失了。我把珍贵的小生命颗粒所在的那簇树叶，扣在钟形玻璃罩下。

第二天，我隐约看见一副脱下的小虫皮。再仔细一看，前一天一路碎步的小虫子，此时已经变成一个静止不动的微型小球。球体胭脂虫的形态开始了。让我获得这样一个实物的运气，我只碰到这么一次。如果我手头占有足够数量的研究对象，也就能开展细致的研究了。我察看那片矮栎树的时间有点儿晚了，三月的时候，我就该这样去做。我猜想，要是在三月，我准会碰上小虫从土中出来，再度返回栎树的叶丛，去那里完成变形。我本来不会就只找到一只实物小虫，而会是好几只，就算无法凑成一套实物数量很多的标本集也行。我知道也不会找到那么多，因为在严冬里的恶劣环境中，本来生存条件很充裕的各个胭脂虫家庭也要遭殃。小虫下树时是几十万大军，返回时只剩下了几个班，这一点，从春夏之交树上小黑球儿寥寥无几的状况可以得到证明。

上树者们后来变成了什么?这个问题，我那仅有的一只实物小虫做了清楚的说明。它变成的是一个球体小圆点，那就是未来的胭脂虫的确凿无疑的先兆。没多少天，尽管栎树枝是插在一杯水里的，小球儿还是干了。很幸运，除了它之外，我手头还有几个同样的小硬壳球儿，已经比它发育得大了些。从矮栎树上采回的胭脂虫小球儿，大体分为两类。

为数最多的一类小球体，体积大小因变形期早晚而不等。其中个头最小的，直径刚刚一毫米。腹肚一面是平的，贴着一个雪白的垫圈，那是粘着一层蜡的球体根基。背顶一面滚圆，呈发红的黄色，或者是浅栗色，带一些不规则分布的白色细丝束。如此着装的年轻胭脂虫，叫人看后会想起某种热带海域贝壳类动物：虎皮贝。甜饮料加工器已经在运转。球体末端结着一个晶莹透明的水珠，蚂蚁们正在那里畅饮。几周时间里，球体颜色转变成了乌木黑色，体积增至豌豆大，这便是最终形态的胭脂虫了。

另一类胭脂虫数量很少，它们的壳体较长，样子像条半缩着身躯的微缩鼻涕虫。腹肚一面扁平，整个身体都贴在了细枝上。背顶一面明显突起，呈或深或浅的琥珀色。它们身上带有醒目的白点，或五个，或七个，纵向排成一串。琥珀色体色，再加上白色装饰，小虫看上去有点儿像某种糕点，即那种撒上白糖粒的猫舌饼。长球体末端没有渗出一点儿糖浆液，自然，蚂蚁们也没有光顾。

依我看，这第二类长圆形小球儿，是处于幼虫阶段的雄性胭脂虫。我猜想，从这类小球儿中将钻出带翅膀的小虫，它们能飞，因而能完成这一虫种的交尾。证实这一猜测的工作，我是不可能做了。我这些鼻涕虫体形的研究实物，都在那枯萎的树枝上死了；可在书房之外追踪观察它们的变形过程，又是超出我本人耐久力的事了。

这篇记述矮栎树胭脂虫历史的文字，内容还不够全面。然而其中某些事实是明确的，应在此强调一下。产卵期结束时母亲本身就是个巨大的卵巢，随后又变成小干球儿，球儿内卵粒无需移动便孵化出后代。数以千计微小的幼虫密集在坚硬壳体中，直至倾巢出走。当着惯常生育法被简化到无以复加的地步，虫类自身就成了育幼匣。

译自原著第 9 卷《矮栎树胭脂虫》

大孔雀蛾的晚会

LE GRAND PAON

那是个难忘的晚会。我称之为大孔雀蛾的晚会。有谁不知道这种华美的蝶蛾？它是欧洲最大的夜蛾。它穿着栗色的天鹅绒外衣，戴着白色的皮毛脖套。那灰白相间的翅膀，中段位置上横着由暗白色“之”字连成的波浪形线纹；外缘有一圈表层呈熏黑色调的白边；正中央长着一个圆点，像一只由黑瞳孔和红光阑组成的大眼睛，圆点周围环包着黑、白、褐、红各种颜色的弧形线条。

体色发黄的夜蛾蚕，同样相貌出众。黑色纤毛构成的一排栅栏，稀疏有致地栽在各个结节的顶部，其间镶嵌着青绿色的珍珠。粗实的棕褐色蚕茧，形状别致，出口是奇特的漏斗形，看上去酷似渔人的捕鱼篓。蚕茧通常紧贴在树皮上，位置都在老扁桃树干的根脚一带。茧壳所在的那棵树，日后将用自己的树叶供养蚕虫。

真没想到，五月六日那天上午，就在我虫子试验室的台桌上，一只雌夜蛾当着我的面，从蚕茧中脱颖而出。它刚一从潮湿的孵化室钻出来，就被我扣进了金属网做的钟形笼，浑身还湿漉漉的。我只能这样做，因为事前没有为它准备任何专门的试验计划。我把它监禁起来，按照观察工作者的惯例，密切注视即将发生的一切情况。

结果，我很走运。约摸晚上九点钟光景，全家上床睡觉的时候，隔壁房间传来好一阵木器家具的碰撞声。已经脱掉衣服的小保尔，在那间房子里来回跑动，蹦高跳低，把椅子撞翻在地，简直发了疯一样。忽听他大声叫我："快点儿来呀，快看这些蛾子，跟鸟儿一样大！满屋子都是啦！"

我赶忙跑过去，这才明白孩子为什么如此情绪振奋，发出听起来吓人的惊叫。原来是发生了一起我家从未见过的侵宅行为：一群偌大的蝶蛾闯进孩子的房间。小保尔已经捉住四只，投进空麻雀笼。还有许多，正在天花板上飞窜。

见此情形，我不由得想起上午那只被扣押起来的雌蛾。"穿上衣服，孩子。"我对儿子说，"把笼子放在那儿，跟我走。我们去看样稀罕东西。"

我们出了孩子的房间，向位于这幢住宅右侧的我的工作间走去。路过厨房，碰上女佣人，她也被正在发生的事件惊得目瞪口呆。只见她正轰赶围裙上的几只大蛾子，怎么也轰不走。乍发现它们，她还以为是蝙蝠呢。

看来，大孔雀蛾在我家的各个地方，都占领了一点儿空间。这祸水都是那被囚禁的雌蛾招引来的，可想而知，它自己头顶上的天花板会成什么样子！真不错，工作间的两副窗户中，有一副一直没有关闭，大孔雀蛾的通道畅行无阻。

我们手擎着一支蜡烛，钻进工作间的房门。眼前出现的情景，真可以说终生难忘。一群大孔雀蛾轻拍着翅膀，围着钟形笼飞舞，而后停在笼子上，片刻飞离开去，过一会儿又飞回来，接着蹿上天花板，然后再一头扎下来。它们扑向蜡烛，翅膀一下子把烛火拍灭了；随后突然落在我们的肩头，抓挂在我们的衣服上，擦掠着我们的脸。于是，这里成了有成群蝙蝠盘旋，供巫师招魂时用的阴暗秘洞。为了壮胆子，小保尔抓住我的手，比以往哪一次都抓得紧。

这些夜蛾有多少?大约二十只。再加上失散在厨房、孩子居室和其他房间里的，闯进我家的夜蛾肯定得有四十来只。我称这是一次难忘的晚会，是大孔雀蛾的晚会。大夜蛾们从四面八方赶来，真不知是怎么得到的通知。它们实际上是四十位恋人，在迫不及待地向一位姑娘致意。那姑娘是今天上午在我工作间的神秘氛围中诞生的，可刚一出世就进入了育龄期。

节译自原著第 7 卷《大孔雀蛾》

萤火虫备餐

LE VER LUISANT

我们再回过头来说萤火虫。如果蜗牛在地上爬行，甚至就龟缩在那里，萤火虫向它发起攻击是件轻而易举的事。因为此时外壳没有牢靠的封盖，而且隐居者前端有一大部分暴露着。纵使它居安思危，硬皮外套裹得紧紧的，防护衣的领口一带也是无法设防的，软体非常容易在这一部分受到攻击。不过，许多情况下，蜗牛不是在地上，而是在远离地面的高处，要么是粘在一株禾本植物茎秆上，要么是粘在一块石头的光滑表面上。此时此刻，它所栖身的物体起到了临时封盖的作用，按理说，险恶萤虫要加害于它，只能是痴心妄想。然而，幽室蛰居者要做到幸免遇难这一步，必须具备不折不扣的前提条件，那就是，其螺旋护墙的墙根一圈没有任何开着口的地方。如果不是这样，而是像经常看见的情形那样，蜗牛壳没有严严实实地附着在栖身物体上，壳口某一点上露出缝隙，那末，即使空隙再小，也足够萤火虫钻空子了。萤火虫那纤细灵巧的工具插进去轻轻一咬，蜗牛当即陷入麻木僵滞状态，于是为食蜗牛者不声不响悄悄下手提供了便利条件。

事实上，萤火虫操作起来总是极其谨慎的。攻击者必须以轻柔的动作处理自己得到的牺牲品，不能使对方有丝毫挛缩反应。蜗牛只要做出收缩动作，就会与粘附着的物体脱胶，这样一来，起码就会从自己酣睡其上的植物茎高处掉下去。猎物一旦落到地上，也就成了萤火虫得而复失之物，因为它没有耐心搜寻猎物的兴致。它是凭运气，获得巧遇到的野味。可以这样说，在它发动攻击之际，高挂在植物茎秆上，仅仅靠一层胶皮粘附着的那个螺壳，仍具有良好的稳定性。进犯者必须慎而又慎地工作，不引起对方的丝毫疼痛感和惊恐感，否则，一旦猎物肌肉做出反应，就会因附着面松动而掉下去，到手的野味也就得不到了。我们看得很清楚，能使萤火虫达到目的的绝好方法，就是在瞬息间实施深度麻醉；而萤火虫的目的，就是在非常平静的条件下享用自己的猎物。

它用什么方法来享用猎物呢?它是不是吃它?也就是说，它是不是先把蜗牛化整为零，切成小碎块儿，然后用一种咀嚼器把它磨烂?我觉得不是这样。我捉到的萤火虫，嘴上从来没见过有固体食物的痕迹。萤火虫的“吃”，不是严格字面意义上所说的吃，它是吞饮。它用和蛆相似的方法，将猎物变成清汤，然后再吃进肚里。和双翅昆虫那爱吃肉的幼虫一样，萤火虫也擅长先消化、后进食的吃法。食用猎物肉之前，先对肉质施行液化处理。下面我们来看看事情经过是怎样的。

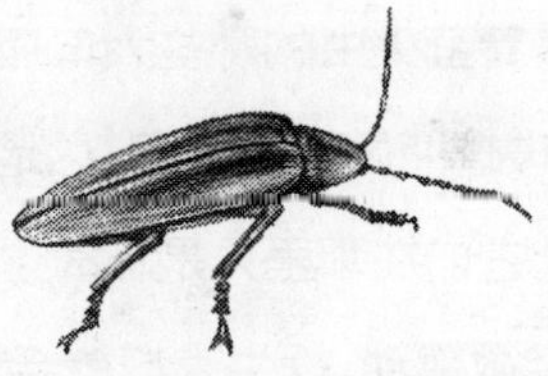

一只蜗牛刚刚被萤火虫施行了麻醉。麻醉师几乎总是单独一位工作，即使遇到常见蜗牛那样的大家伙，它也是独自单干。没隔多一会儿，宾客接踵而至，两三位，四五位，越来越多。大家来到桌前，与食品的真正主人不发生任何纷争，一起共享筵宴。让它们尽情享乐吧，我们先离开。两天后再回到这里，我们将蜗牛壳口朝下翻过来。这时，壳里的东西就像锅口朝下倒浓汤一样，一股脑儿地流了出来。消费者们吃饱喝足离开这汤罐儿时，里面只剩下没什么吃头儿的残糊剩羹了。

事情很明白，我们开始时已经看见，萤火虫这儿一口，那儿一口，像轻轻弹指一般不断轻咬在蜗牛身上，这软体动物的肉质转化成了稀汤；众宾客赶来，不分彼此，共同享用汤食；来者一边往汤中释放某种专门用于消化的蛋白酶，一边一口一口地痛吸着清汤。看到萤火虫采用这种方法将食物事先化成液体，想必它嘴上那两只弯钩的外表上是没什么保护层的，它用这对钩形器官刺入欺负对象的体内，注入麻醉毒剂，很可能这毒剂就是能使肉质液化的萤火虫体液。这对微型工具在放大镜下能看得一清二楚，我感到它们不像是钩子。它们的中心是空的，和蚁蛉的那对工具很类似；蚁蛉靠这对工具嘬吸捕获的野味肉，不必把肉食分解成碎块儿。然而萤火虫与蚁蛉的表现很不同，蚁蛉吃完后，从沙地的漏斗形陷阱中扔出大量丰盛的食物；而萤火虫这种专门液化装置，一点儿也不糟踏东西，或者说，几乎没剩下什么原料。

二者掌握着相似的工具，但其中一位只用它吸吮猎物的血液，而另一位却知道物尽其用，采用的是一种预液化技术。

尽管有的时候，由于蜗牛壳所处的位置不佳，要维持其平衡并不容易，但萤火虫的事却依然干得特别利索。喂养着萤火虫的那些大口瓶，让我看到了这样的精彩场面。大口瓶上压盖着一块玻璃，捉来的蜗牛顺着玻璃瓶内壁往上爬，总是爬到瓶口边沿处才停下来，然后用很少一圈黏液将壳体松松地粘挂在那里。它们在那里只是临时逗留，舍不得多用软体组织生产的胶粘剂，所以，只需制造轻微震动，蜗牛壳口就会脱离栖息点，蜗牛便跌到瓶底。

不断看到瓶中那只萤火虫往高处爬，来到蜗牛的栖息点。它攀登瓶壁时，凭借着的是某种攀缘器官，这攀缘器弥补了足爪此时的功能缺陷。萤火虫选中一个对象，仔仔细细地察看着它，找到一处可以下手的缝隙，轻轻咬几下躲在缝隙内的蜗牛，使之失去知觉，紧接着便着手烹调美味汤。此后一连几天，这锅鲜汤就是它的

朗　格　多　克　蝎

昆　虫　睡　姿

风味餐。

当就餐者离开汤锅的时候，蜗牛锅连锅底都空了。然而此时此刻，只用了薄薄一层黏液粘在玻璃上的壳体，依然没有开胶，甚至丝毫没有移位。壳中隐居者没有发出任何抗议，一点儿一点儿地化作了稀汤，全部从萤火虫开始发起攻击的那一个点上流尽了，剩下的只是个空壳。从这些细节中可以看出，置蜗牛于麻醉状态的啄咬攻势何其凌厉。我们从中了解到，萤火虫开发利用蜗牛时，手法是多么轻巧，没有让蜗牛从垂直光滑的栖息点上跌落，甚至没有使它在一圈附着力极弱的黏液线上产生晃动。

节译自原著第10卷《萤火虫》

对付菜青虫

LA CHENILLE DU CHOU

菜粉蝶的一代幼虫，开始时是包在供胚胎发育的小卵囊里，安安稳稳地附着在卷心菜底层的菜叶上。可如今，从卵囊的托台直到菜根，这底层部分已经被洗劫一空，构成菜株底部的，只剩下一个个圆洞眼。建筑物的根基结构不见了，留下的仅仅是幼虫定居点的遗迹。小菜青虫现在都移居到上层叶片区，从今以后，菜叶就是它们的食物。它们浅桔黄色的身体上，支楞着稀疏的白色纤毛。小脑袋乌黑油亮，透着虎虎生气，未来饕餮之徒的气质，这会儿就已经显露出来了。小动物眼下才两毫米长。

虫群一踏上卷心菜的青绿牧场，便开始创造能使身体保持稳定的环境。它们这儿两三只，那儿三五只，每个成员之间留出很近的空当，各自吐着自己的丝线，布下许多短短的缆绳。丝缆格外纤细，用放大镜仔细观察才能看到。没多久，小菜青虫完成一次蜕变，外衣发生变化，浅桔黄底色上显现出许多黑色斑点，混杂在白色纤毛之间。脱皮是件十分疲劳的工作，这期间，小虫要静卧三四天。这几天一过，饥饿感无法满足的进食期便开始了。其后几个星期，卷心菜会被糟蹋得满目狼藉。

如此厉害的胃口！好一副夜以继日工作的肠胃！这是个吞料的无底洞，食物尽管从中穿过，它们会立即转化成别样的物质。我挑选一束最大的菜叶，投喂给钟形笼里的虫群。两小时后，剩下的只有菜梗了。如果新鲜菜叶投放得慢了点儿，虫子们就要接着啃菜梗吃了。照这样的速度，一片一片地投喂，一百公斤卷心菜，大概也不够我一个星期用的饲料。

大量繁殖期内，这暴食成性的虫类构成一种灾难。它们哪里会给我们的菜园留下什么！拉丁人伟大自然学家波利纳①的时代，人们在需要保护的卷心菜菜畦中央竖一根木桩，顶端放上一个被太阳晒得煞白的马头骨，最好是母马的头骨。撑起这样一个吓人的怪物，据说可以把祸害菜田的败类大批吸引过去。

我不大信服这种防虫措施。这里说说它，是因为要由此提到我们现在的一种实用方法，这种方法起码在我们那一带被人们采用着。没有比"荒诞"更能经久不衰的了。波利纳讲到的古代菜田保护器，经过不断简化，作为传统保存下来。人们现在用蛋壳代替了马头骨，蛋壳扣在小棍顶端，小棍插在菜田当中。这种装置确乎比昔日简便多了，然而效果没什么两样，依然是无济于事。

我发现，智理不清没什么了不起，只要能有点儿盲从轻信的头脑，事理总可以自圆其说。我询问那些农民邻居，他们是这么告诉我的：要说蛋壳的用处，道理再简单不过了；白花花的蛋壳一闪，就能把粉蝶招来下子儿；小菜青虫在蛋壳上，挨太阳烤还不算完，这光秃秃的地方又找不着吃的，最后就小命儿见阎王了；能闯过这一关的没几个。

我刨根问底，请他们说说哪一回看见白蛋壳上有卵粒层，或者幼虫团。

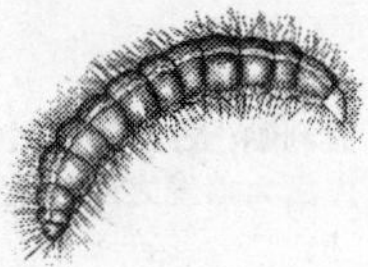

"没见过。"他们异口同声。

“没见过怎么这么说呢？”

“那是从前的事呗，现在我们只管照着做，别的一概不管。”

只有这后一句回答，我是认同的，因为它已使我确信，昔日的马头骨深深印在人们的记忆当中，难以磨灭。这同多少世纪以来在农村扎下根的种种荒诞现象之难以磨灭，恰恰一脉相承。

其实，我们只有一种保护菜田的办法：持续监视菜田，不断察看菜叶，用手指捏碎卵层，用鞋底踩烂幼虫。目前尚无比这更有效的措施。当然，这样做需要花费大量的时间和精力。得到一棵像样的卷心菜，真不知倾注了多少心血！然而，为了这擦地皮的下等植物，为了这虽然衣衫褴褛，但却供我们食用的上等菜蔬，我们尽什么义务都责无旁贷！

①波利纳：古罗马自然学家，著有三十七卷本《自然史》。公元79年维苏威火山大喷发之际，前往参加救生和科学考察工作，不幸以身殉职。

节译自原著第10卷《菜青虫》

松毛虫长征

LA PROCESSIONNAIRE DU PIN

一八九六年一月结束前的第三天，正午光景，我忽然发现一支成员极多的松毛虫队正攀缘缸壁，走在前头的已经开始抵达它们最喜欢的缸沿儿。虫队鱼贯而行，缓缓穿越缸壁，依次登上缸沿儿，然后串连成疏密均匀的队列，开始向前行进。此时此刻，还有毛虫陆续抵达缸沿儿，不断增加着虫队的长度。我在一旁等待丝带①首尾合龙，也就是说，等待始终沿环形缸沿儿爬行的队长，重新绕到进入环形跑道时的入口处。一刻钟后，它绕回来了。几乎和一个圆环别无二致的循环跑道，就这样令人叫绝地形成了。

现在，该把仍在缸壁上排成攀登纵队的那些毛虫全部撵开了，如果它们过多地抵达缸沿儿，串连虫队的最佳序列状态就要遭到破坏。另外，所有铺设在缸壁上的细丝小路，包括刚铺上的和早铺好的，也应该清除干净，否则它们会使缸沿儿和地面沟通起来。我先操起大毛笔，把多余的登山队员们扫掉；接着抓起硬毛刷，仔细清刷缸壁，不仅沟通上下的丝线荡然无存了，而且连毛虫的气味也清除干净了，说不定气味真会招致试验失败呢。准备工作就绪，我们等着观看一场奇特的表演吧。首尾相接的环行虫队，不再有什么队长。每只毛虫头前都有一只毛虫，每只毛虫尾后都跟着一只毛虫，它们都踩着前一位伙伴的脚印，在集体的杰作——丝路的引导下，向前迈步。整根链条上的每个环节，都重复着同一套动作。没有一只毛虫发号施令，换句话说，没有一只毛虫凭心血来潮的意志改变路线。所有毛虫依然怀着对领路者的信任，亦步亦趋地爬行，却不知那正常情况下在队首开道的队长，由于我小施妙计，实际上已经被免职了。

缸沿儿上转过第一圈，丝线轨道即铺设就位。环行虫队不断将丝线垂放在路面上，单股线很快变成了窄丝带。轨道一再铺回始发点，却没有出现一股岔道，因为我的硬毛刷已事先破坏了所有道岔儿。在这条诱骗它们上当的环行小道上，毛虫们将如何作为呢？它们是否将没完没了地兜圈，直到精疲力尽为止呢？

古代经院哲学中，有一个"彼力当之驴"的典故②，说的是一头赫赫有名的驴子的事。这头驴被牵到左右两份燕麦饲料当中，它最后竟不得不活活饿死了。它无法打破指向相反而强烈程度相等的两个欲望之间的平衡，因此就下不了到底吃哪一份燕麦的决心。③以往，人们是在诋毁那头可敬的驴子。驴子并不比其他东西笨，面对逻辑所设的圈套，它似乎已经做出了自己的反应，那就是：二者都想吃。我的毛虫们能不能有驴子那么一丁点儿心机呢？它们被长时间困在不得出路的环行道上，经过反复尝试，会不会悟出如何打破那环路封闭体系的平衡呢？只要从任何一侧偏离轨道，就可以通达它们的饲料，即那近在咫尺的翠绿松枝。它们究竟会不会下定决心，偏离轨道，采用这惟一可以达到目的的方法呢？

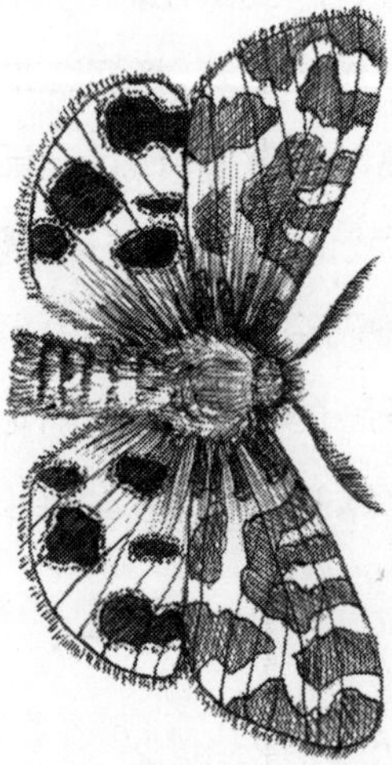

我相信，它们一定会这样做。可是我想错了。我当时想的是，转上一两个小时，虫队就能发现自己上当了。到那时，弄虚作假的道路一定被抛弃，毛虫们随便找个地方，就可以实施下山行动。没有任何东西阻止它们离去，因为若留在上面忍受饥寒交迫的折磨，简直就是愚钝到了令人难以接受的地步。然而，事实偏要我接受难以置信的事情。现在我们看看事情的详细经过。

一月三十日，时近正午，天气晴朗，串连虫队开始了环行运动。每只毛虫都跟随着前面的毛虫，大家一板一眼地踩着脚步。长链没有任何断口，偏离轨道的事情绝不可能发生，所有成员机械地随着大队，就像钟表盘上的指针那样，忠实地踩着它们的圆周走。没有了领队的行军序列，同时也就丧失了自由和意志，它变成了一个齿轮。几小时过去，而后又是几小时，此情此景依然持续。它们把事情做到如此地步，大大超出了我凭主观臆断所做的十分大胆的预料。我情不自禁地为之赞叹。确切地说，我是被惊呆了。

循环运动往复不止，最初的窄轨，眼下已经变成两毫米宽的华美绝伦的丝带。一眼望去便会看到，在缸沿儿形成的微红色底布上，那丝制的饰带正闪闪发光。白昼已进入尾声，跑道的位置仍没有出现任何变化。另一个惊人的事实，更能说明问题。

严格地讲，那轨道不能算一条平面曲线，而是挠曲线。轨道在某一点上出现一处折弯，溜滑到缸沿儿凸边的下面，而后又重新斜爬上缸沿儿的表面。偏离出缸沿儿路面的这段距离，算起来有两分米。从第一圈环行开始，我就用铅笔在缸体表面标明了这两处折弯点的位置。就这样，整个下午过去了。更能令你心服的是，这之后又一连好几天，都这样过去了。从这场法浪多乐舞④开始跳起，一直到跳得发疯走样儿为止，我都看到毛虫的丝绳从前一个折弯点下沉，迂回到后一个折弯点，再从那里浮上缸沿儿表面。第一圈丝线一旦安置就位，以后要走的路线便不可更改地确定下来。

路线是一成不变的，但速度不是这样。根据我的测量，虫队行进速度是平均每分钟九厘米。途中歇脚的时间，每次长短不一。再有，行进速度有时会减慢，尤其是在气温逐渐下降的时间里。

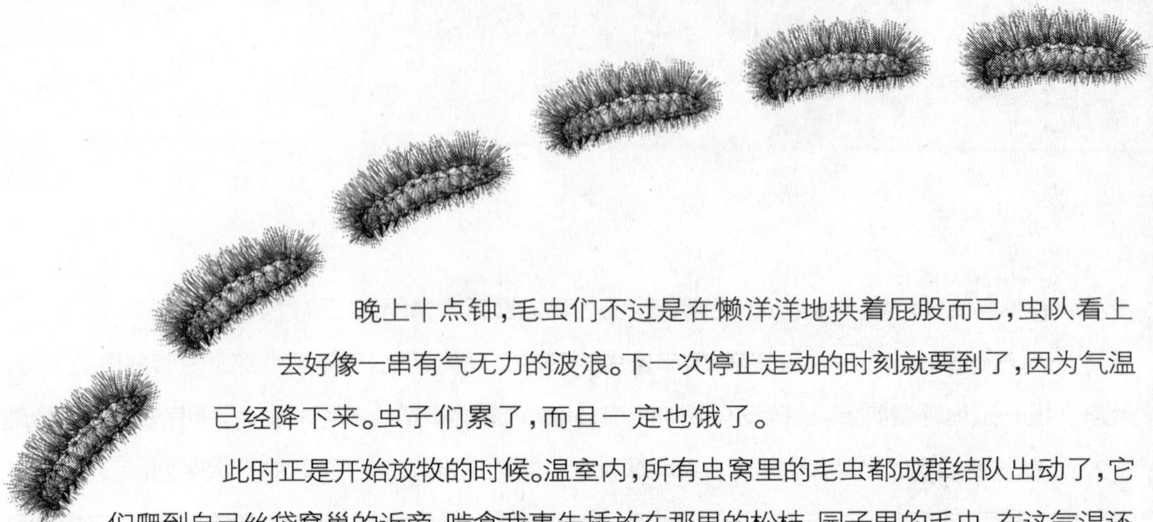

晚上十点钟，毛虫们不过是在懒洋洋地拱着屁股而已，虫队看上去好像一串有气无力的波浪。下一次停止走动的时刻就要到了，因为气温已经降下来。虫子们累了，而且一定也饿了。

此时正是开始放牧的时候。温室内，所有虫窝里的毛虫都成群结队出动了，它们爬到自己丝袋窝巢的近旁，啃食我事先插放在那里的松枝。园子里的毛虫，在这气温还不算低的夜晚，也纷纷出来觅食。惟独一群毛虫，此刻仍列队趴在黏土质大缸的缸沿儿上。它们肯定正盼着赶赴会餐场所。经过十个小时的散步，那胃口只要见到吃的，准不会放过。离它们一拃远的地方，就有精工细做的美味翠松枝。只需往下爬动一下，美食唾手可得。可这些窝囊废下不了决心，始终执迷不悟，甘做丝带的奴隶。十点半的时候，我离开这忍饥挨饿的虫队，但心里仍然深信，黑夜会开导它们，天亮后一切将恢复正常。

这一回我又错了，我对它们的指望太大了。我总觉得，如果谁肚皮空空地忍受饥饿的折磨，他会于恍恍惚惚之中产生清醒的一闪念。为此我相信，毛虫们也会产生这一闪念的。第二天黎明，我便跑去察看它们的情况。毛虫们依然排着前一天的队伍，只是一点儿也不活动。气温稍稍回升，懵懂昏沉之中，它们抖擞一下精神，接着便动作起来，再度踏上征程。串连虫队重新开始兜圈，情形和前一天完全一样。那股不开窍的顽固劲儿，无所增减，依然如故。

当天夜里，天气突然恶化，出现一场骤寒。前半夜开始的时候，园子里的毛虫已经传出天将有变的信息：尽管天气看上去很不错，它们却拒不出动。然而，凭着迟钝的感觉，根据表面的现象，我当时还自以为已经看出好天将持续下去呢。破晓时分，迷迭香通道上霜晶闪耀，这是进入本年后的

第二次寒潮。园子里那大水池，整个水面上都是寒夜留下的痕迹。温室里的毛虫会怎样呢？走，看看去。

所有毛虫都躲在窝里，只有一部分不在了。不在的就是那群坚忍不拔的家伙，它们现在正结成长串，呆在缸沿儿上。当我这一回看到它们时，却发现它们分别挤成两堆，绝无秩序可言。它们这样挤在一起，身体贴着身体，为的是少受点儿挨冻的罪。

这的确是不幸的遭遇；然而这不幸对一件事来说，恰恰成了万幸。寒夜将圆环截成两段，这就有可能为采取拯救行动创造机会。两个部分的毛虫都开始活跃起来。用不了多少时间，踏上征途的虫队就会出现队长。队长不必跟在哪只毛虫后面，所以它的步履将比较自由，并且能把自己的串连队伍带离轨道。要知道，在通常情况下，走在结串而行的毛虫头一个的，实际上肩负着侦察兵的使命。只要不突然发生激起群情骚动的事件，所有其他毛虫都安安稳稳地排在队列当中；侦察兵则全神贯注地履行自己的职责，不断斜伸出脑袋，左顾右盼，打探着，寻找着，摸索着，选择着。它这些行为就是在做决策，大队人马只管忠实执行它的旨意就是了。应该说明一点，即使脚下踏着已经走过的老路，而且路上铺设了丝带，领队的毛虫仍然一如既往，一刻不停地勘察路线。

我相信，只要能脱离缸沿儿，肯定会有得救的机会。我们等着瞧吧。痴呆症旧病复发，毛虫们又开始列队，缸沿儿上逐渐形成彼此独立的两个序列的雏型。这一来，出现了两个步履自由、各自为政的行军长。二位首长最终能不能走出魔环呢？

有一段时间，两位队长的大黑头频频摆动，看着这副心急如焚的神态，我确信它们一定能走出魔环。但是很快，我感到势头儿不对。随着扎堆儿的毛虫不断加入环行行动，分成两段的长链又衔接上了，魔环重新弥合。两位任职一时的队长，再度变成普普通通的随从。更有甚者，整整一天过去了，毛虫们依旧排着那环形圈队。

随之而来的，又是一个起初气氛宁静、群星璀璨，后来却招致严重霜冻的夜。接着，又一个白天来到了。缸上串连虫队与众不同，独自露天过了一夜，现在正挤在一处。其中许多成员，已经从两侧脱离开那条致命的丝带。我前去观看这群执迷不悟的虫子如何觉悟。第一个迈步的，可巧是在环路之外爬动。它处在了一片崭新的区域，正六神无主地冒着险。只见它向上爬，爬到缸沿儿脊梁，然后翻越过去，从另一侧往下爬，最后抵达缸内的底土。另有六只毛虫尾随而去，但仅仅是这六只。虫队其他成员，大概还没有从恍惚迷离的夜眠状态中清醒过来，一个个连身子都懒得晃一晃。

落后一步，其后果便是再度置身于往日的飘泊。众毛虫踏上丝带跑道，排队转圈又重新开始。但是这一次，长队的圆环已经出现缺口。缺口造就的排头兵，在带队方法上没有任何革新尝试。彻底摆脱魔环的良机就在眼前，只是领路的不知道利用。

至于那些深入缸底腹地的，其实命运并没有什么改观。它们攀登到棕榈树顶上，忍受着饥饿的折磨，四下里寻找牧场和饲料。树上的一切都不是味儿，它们只好摸着来路上的丝线，踩着自己的脚印往回走，再爬上缸口，重新找到串连大队。顿时，焦虑烟消云散，七只身影一头钻进大队的行列。就这样，圆环又完整无缺了；就这样，队伍仍旧是一个旋转着的圆圈。

到底何时才能摆脱出去呢？有个传说故事，讲的是一群可怜的生灵，他们被引诱进一条无法走到尽头的环形通道，只有等到一滴圣水降临，才能消解诱惑他们的那股可怕的魔力。有什么幸运之水能溅落在我的毛虫身上，止消它们的环行运动，从而把它们领回家呢？我以为，若要驱散魔力，摆脱环道，办法有两种。所谓两种办法，其实是两种严峻考验。因果之间有着奇特的关系链：艰难困苦，当可产生美好幸福。

办法之一，以寒冷造成蜷缩。这样一来，毛虫们杂乱无序地聚集在一起，其中一部分成员拥挤在道路上，而为数更多的成员集结在道路之外。不在道上的这些毛虫当中，迟早会产生出一位蔑视走老路的革新者，它将踏出一条新路，把队伍带回住处。我们刚才看到了这样一个实例，已经有七只毛虫深入缸底，爬上棕榈树。的确，那是一次没有取得成果的尝试，然而毕竟是尝试了。要想大功告成，只须朝相反方向的坡道爬行就够了。两个方向上的行动机遇，已被它们抓住一个，这着实不少了。下一次一定能获得更大成功。

办法之二，以征途劳顿和长时间饥饿造成精疲力竭。这样的话，总会出现一只腿脚受伤的毛虫，它将止步不前。这只毛虫体力不支了，但它的前方，串连虫队依然会继续行进一段时间。队伍渐渐密集起来，队尾会出现一段空当。于是，歇脚的成了打头的。等到它继续前进时，自己就成了由断口造就的队长。这位队长的前方空空如也，只要它冒出一丝哪怕并不清晰的谋求自由的念头，就可以把整个大队拉到全新的小道上去，而那小道，很可能就是一条救命之路。

总而言之，为使备受磨难的毛虫列车脱离窘境，就必须一反我们的观念，故意制造一起列车出轨事故。出轨之举，完全取决于队长一时的心血来潮，因为只有它才可能向左右偏离。但如果圆环不断，能够掌握出轨权的队长是根本无从产生的。归根结底，圆环断裂这绝无仅有的良机，是由导致秩序紊乱的停止前进造成的。至于停止前进的主要原因，则是超过忍耐限度的疲劳或寒冷。

可以用来解救蒙难者的各种事件，特别是那种由疲劳造成的事故，事实上在相当频繁地发生着。就在当天，这运行着的圆周曾多次分解为两三个弧形段。可过不多久，其联系力又都发挥作用，结果事态始终无法得到改变。能够把毛虫们从那里带走的果敢创新者，一直都没有获得灵感。

和前几夜一样，这又是一个寒夜。寒夜过去后，迎来的是第四个白天。这一天，仍未打开新局面。值得一提的，只有下面这点儿情况。昨天钻进缸内的几只毛虫，留下了自己的路线痕迹，我没有把丝痕清除。今天上午，这条最终与环路复接的路线，被毛虫们重新发现了。全队中有一半成员，利用它去参观了缸内的底土，还攀上了棕榈树；另一半成员依然留在缸沿儿上，沿着旧轨道转悠。到了下午，游离出去的那队毛虫，重新与循环轨道上的虫队接上头儿，环行圈又完整无缺了，事物全然恢复原状。

现在是第五天了。昨夜的霜冻更厉害，但总算还没有殃及温室。继寒夜之后，是一个碧空万里、平静祥和的艳阳天。玻璃窗刚被阳光稍稍照热，扎成堆儿的毛虫便苏醒过来，接着又开始在缸沿儿上继续它们的运动。第一天开始时那严整的阵容，眼下已经骚动不安，队形出现混乱，这显然是下一次解放运动的先兆。用于探察缸内情况的道路，已经在昨天和前天铺设了虫丝。今天，一部分队伍从这条路线的起点出发了，但继而踏出的是又一条岔路。随着新岔出的丝路已经具有一点儿长度，旧岔路便宣告废弃了。其他的毛虫，仍然轻车熟路，在已经走惯的环形丝带上爬行。由于岔道口作怪，缸沿儿上的虫队终于分成了两支，长短基本相等，彼此相距不远，沿着同一方向行进。有时它们连接到一起，但

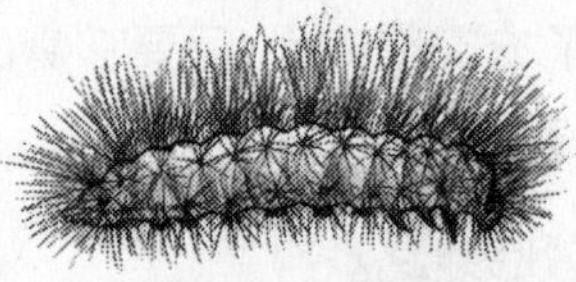

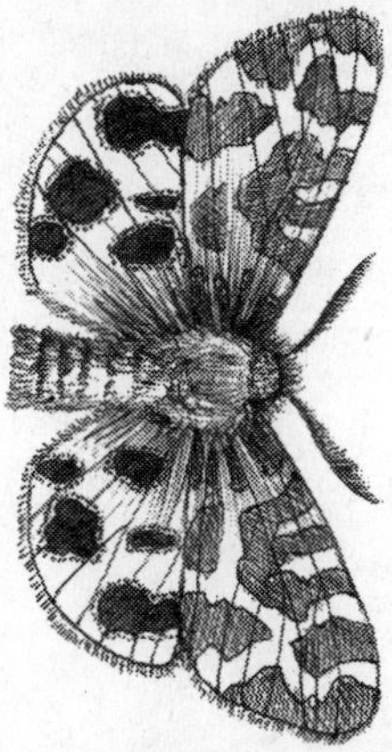

走一走又断裂开，队形始终不够整齐。

疲倦使混乱加剧。拒绝前进的脚伤伤员大量出现。大队多处断裂，变成许多分队；分队进而分化成若干小队，每个小队都有一位队长；处处都有小队长在窜头窜脑地探察地形。看来，到处都在瓦解，到处都将出现得救的可能性。然而，我的希望再次落空。入夜前，毛虫们又共同组织起一支长队，那无法克服的转圈运动又重新开始了。

如同寒冷降临之急骤，炎热也突然一下就出现了。今天是二月四日，赶上了明媚的暖和天。温室里热闹非凡。毛虫们倾巢出动，一起一伏地在土台的沙层上移动，那一圈圈的虫队，宛如平放在地上的一个个花环。缸沿儿上，毛虫串连成的圆环随时在断裂，而后又衔接。我第一次看到出现了大批勇敢的队长，它们为温暖的阳光所陶醉，用末端的一对假足抓在缸沿儿的外侧边缘，身体猛然间悬空垂挂下去，扭来扭去地试探从缸沿儿到地面的距离。这试探重复了许多次，每一次队伍都得停下来，这段时间里，大家颤晃着脑袋，臀部一拱一歪地扭动。

这些革新家中，有一位决心从缸沿儿外侧逃走。它溜到凸边底下。另四个伙伴跟了过去。然而所有其他毛虫，却始终对险恶的丝带轨道怀着信赖之心，不敢效法胆大妄为，而甘愿踏着昨天的老路迈步。

从主链上离异出去的那小串毛虫，煞费苦心地摸索着，在半缸腰一带长时间徘徊。它们才下到一半的高度，便又从斜里往上爬去，赶上大部队，加入到行列当中。仅就这次尝试而论，是以失败告终的，尽管还差两巴掌距离就够着缸脚下的细松枝了。我刚才把一捆细松枝放在那里，是想引诱这些饥饿难忍的虫子，可是形、色、气、味，均未给他们提供任何信息。已经离目标这么近了，它们竟然还调转方向爬了回去。

不过没关系，尝试总会有用。它们一路上已经设置好首批路标。这之后，又过去了两天。接着，新的一天又开始了，这实际上已经进入试验的第八天。毛虫们时而单枪匹马，时而一个小组，时而一支稍长的小分队，分批沿着设置了路标的小路，从缸沿儿的凸边上爬下来。太阳落山的光景，最后一批磨磨蹭蹭的毛虫，也终于回到家里。

我们现在算一下。二十四小时的七倍，毛虫在缸沿儿窄路面上呆了这么长时间，不论哪只毛虫，疲劳后都得休息一阵；尤其是在夜间最冷的几个小时，它们完全处于休息状态；为此，我们满打满算，减去一半时间，结果还剩下八十四小时，这就是行走的时间。按平均速度计算，它们每分钟的行程为九厘米；每只毛虫七天多的总行程已有四百五十三米，将近半公里，这对步伐极小的松毛虫来说，算得上是长途跋涉了。缸口周边，也就是环行跑道，每圈的长度整整一米三五。照此算来，毛虫们已经周而复始地沿着脚下的路线画了三百三十五个圈。当我们看到毛虫们如何面对那些小事故的时候，就已经大致知道这虫类是愚钝之极的了。现在算出这些数据后，我们又会大吃一惊，叹其竟冥顽不化到如此地步。结串而行的毛虫困在缸上那么长时间，我想，原因并不是爬下来很困难，冒风险，而是它们可悲的智能做不到顿悟。事实也的确如此，“下来和上去一样，都很容易”。

①松毛虫边行走边拉丝。许多松毛虫首尾相接地走，足下便会形成一定宽度的丝带。毛虫队伍中，后者总是循着前者的丝线走。
②十四世纪法国经院哲学家彼力当(Buridan)，以一头驴的故事为论据，论说关于摆脱惰性的命题。后人称他这个论据所假设的驴子，为“彼力当之驴”。
③据文献记载还有另一说法，称驴子的一侧是水，另一侧是燕麦，令其陷于饥、渴无一可解的窘境。
④法浪多乐舞：法国普罗旺斯地区一种民间舞蹈，跳舞的人手拉手围成圆圈转着跳，以跳得筋疲力尽为快乐。

节译自原著第 6 卷《结串而行的松毛虫》

天牛吃路

LE CAPRICORNE

天色灰蒙蒙的，冬天即将来临。我着手收集树杈和树节子，储备取暖用柴。一项很有意义的消遣活动，给这段时间的单调日常生活增添了少许乐趣。我向伐木人紧急订购一批专用木材，要求他把那些蛀满虫洞的老朽树段锯下来给我。见主顾有这种兴趣，他当然喜出望外。然而令其不解的是，为什么我会有怪念头，放着燃烧性能好的优质木材不要，却偏偏索购生虫子的木头，也就是他说的“糟木”。我自然有我的想法。经我一讲，这正直无邪的人积极性倍增，立刻照我的吩咐去做了。

现在，趁我们两人都在场，我们开始观察我心爱的橡木段。那木头浑身疤条累累，道道创伤深至腹腔，伤口里淌着棕褐色的泪水，散发着一股皮革厂的气味。树节子响着敲击声，树杈响着啃咬声，树干发出破裂声。木头的腰间藏着什么东西?唔，藏着的是我真正的研究财富。种种有能力越冬的昆虫，已经在木头的干燥空洞部分，分为不同小组，找到各自的冬季宿营地：嚼出叶泥揉面团的壁蜂们，在吉丁虫修造的扁坑道里筑满了小隔室；切叶蜂们在别人不用的空室和门厅里，堆放了树叶袋。可这木头里的天牛幼虫们，却在树汁尚足的新鲜木质中安顿下来。天牛正是毁灭橡树的主犯。

天牛属于高级机体组织昆虫，相形之下，其幼虫却形同离奇的造物，简直就是一小段一小段爬行着的肠子！眼下是一年的仲秋时节，我看到木头里有两个龄期的天牛幼虫，那些年龄大的有手指粗，年龄小的差不多只有铅笔细。此外，我还看到有些颜色深浅不一的蛹，甚至还有鼓着肚皮的成虫。成虫们将于来年天气渐热的季节，从树干里钻出来。由此可见，天牛在树中整整生活三个龄期。如此漫长的幽禁生活怎么度过呢？长年累月，它们在厚实的橡木中懒洋洋地游荡，没完没了地铺路，随时随地用作业面上清理出的杂物充饥。约伯的马①，靠着擅长辞令的嘴侵吞土地；而天牛的幼虫，却不折不扣是在用嘴吃自己的路。它生着一副黑短粗实的大颚，这口器不带细齿，酷似周边锋利的勺子，正好是把木工的半圆凿。它操着这把凿子，在通道的作业面上开掘。凿下来的碎渣，被它吃进嘴里。每一口木渣经过肠胃时，都留下极其有限的一点儿汁液，随后便成为蛀屑，堆弃在身后。施工现场上的废料残物，穿过工人的身体清理到一旁，工地上留不下任何障碍物。这是一项同时解决营养问题和行路问题的工程，道路随铺随吃，进路既通则退路即堵。不仅仅天牛如此，所有蛀木求食、钻木谋居的虫类，都是这样实地操作的。

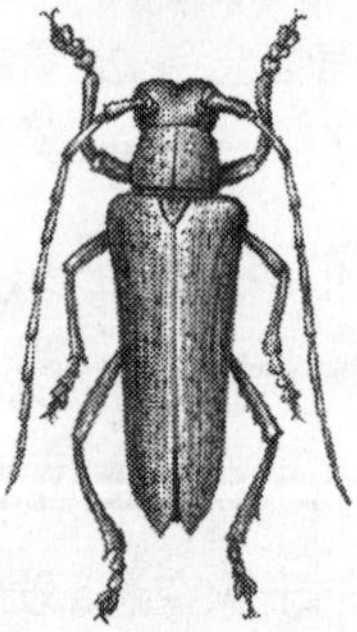

①约伯(Job)：圣经中人物。面对贫困的命运，他不是乞求拯救，而是靠自己的智慧改变现状，最后成为富翁。在他的奋斗过程中，他的马曾以特有的聪明，帮助他多次获得成功。

节译自原著第4卷《天牛》

朗格多克蝎的家庭

LE SCORPION LANGUEDOCIEN

在生活中遇到难题时，依赖书本科学只能算下策；坚持不懈地与事实展开切磋探讨，比关在包罗万象的书斋里更有助于解决问题。许多时候，倒是以无知为佳。头脑保持调查研究的自由，人就不会误入书本提供的某些绝无出路的歧途。最近，我再一次体会到这一点。有位身为大师的人，曾经写过一篇解剖学学术报告，我从中得知，朗格多克蝎每年九月承担家庭义务。想起来，当初没有查阅那篇报告就好了！仅就我们这个地区而言，朗格多克蝎的繁殖期比报告所称早得多。好在教授这门课程的时间不长，否则，如果我真的等到九月，那就会什么也看不到的。可是到了第三学年，为能等到我认为意义重大的那个场面，自己不知度过了多少枯燥乏味的日子。外部环境并没有出现异常，我却莫名其妙地坐失良机，白白浪费了一年的时间。记得我甚至还放弃了既定的课题。

无知反而可能受益，远离熟路也许有新的发现。这是当今一位声望很高的名师曾经对我说过的。那时候，他根本没指望什么现成的课本知识。有一天，我毫无准备，巴斯德①敲响我的房门，就是当时很快要名声大振的巴斯德其人。我那时已经知道他的名字。我曾读过这位学者就酒石酸不对称结构所做的出色研究，还以极其浓厚的兴趣，长期关注过他对纤毛虫纲生殖问题的研究。

每个时代，都在科学上有自己的奇思异想。我们今天关注的是变化论；而那个时代，人们所钻

研的是自生论。凭借自己那些可以人为决定其有菌无菌的烧瓶，依据自己那些严谨而简洁的绝妙试验，巴斯德让一条无理的狂论永远地破灭了。那狂论断言，腐败物内部的某种冲突性化学反应，可以激发出生命。

那个有争议的问题被巴斯德如此成功地澄清，此事我早有耳闻。所以那天，我抱着极大热情，欢迎名声赫赫的来访者。学者来访，首要目的是向我请教几个问题。我能有这意外殊荣，当归功于我的身份，即，物理、化学界的一位同行。啊！我只不过是他的一位不足挂齿的无名同行罢了。

巴斯德此番巡视阿维尼翁地区，是为了解养蚕业的情况。几年来，各蚕场惶恐不安，由于遭受了一些前所未见的灾害，养蚕业呈现出一派凋蔽景象。不知什么原因，蚕虫溃烂，腐败，继而硬变，最后都成了包着一层石膏外壳的蚕仁硬皮豆。农民都惊呆了，眼看着自己的一项主要收成，就这样付诸东流。他们投入大量心血和钱财，但最后还是把整屋子的蚕倾倒在肥料堆上。

我们以正在蔓延的灾害为话题，做了一番交谈。谈话开门见山：

“我想看看蚕茧。”来访者说道，“我还从来没见过这东西，只知其名。您能不能给我搞到？”

“太好办了。我的房东正好在做蚕茧交易，他就住在隔壁。请稍候片刻，我这就把您要的东西拿来。”

没走几步，就到了邻居家。我往衣兜里装满蚕茧。返回后，把蚕茧拿给学者看。他拿起一个，在手指间翻转过来，又翻转过去。他观察着，那好奇的神态，就像我们观察从世界另一半球搞来的珍奇物品。然后他把蚕茧举在耳边摇了摇。

“有响动。”他说，“里面有什么东西。”

“是的。”

“是什么?”

“是蛹。”

“什么,蛹?”

“噢,那东西就像一种木乃伊,蚕虫变成蛾子之前,就是在那里经历变形的。”

“所有蚕茧里都有这么个东西吗?”

“当然喽,蚕吐丝织茧,就是要保护蛹。”

“啊!”

他没再多说什么,蚕茧塞进了自己的衣兜。这以后,他将利用空闲时间,向这种重要的新生事物——蚕蛹讨教。他表现出的非凡的自信,令我惊诧不已。他对蚕、茧、蛹、变形这些情况一无所知,然而却来为蚕虫谋新生。古代的体育教头们,格斗时是一丝不挂的。专门与养蚕业各种灾害做斗争的这位“吉尼亚尔”②,奔赴灭灾战场时,也可以说是一丝不挂的。这样说是因为,他对需要从灾祸中解救出来的昆虫,连最起码的概念都没有。巴斯德令我震惊,确切地说,他令我赞叹不已。

再往下,我不感到惊异了。巴斯德转而关心到另一个问题,就是通过加温来改善酒质的问题。他突然提起这话题:

“让我看看您的酒窖吧。”

我的酒窖,那是属于一个清贫者的酒窖。我拿着教师那微薄的薪水,支付不起几口酒钱,前不久将一把红糖和一些苹果丝放进一只坛子里发酵，用这样的方法，给自己酿制一种带酸味的劣等酒！我的酒窖！要看我的酒窖！为什么不说看我的酒桶，不说看我的标明年代和产地，积满灰尘的陈年酒瓶？他一定要看我的酒窖！

我感到莫名其妙，想回避他的要求，于是变换一下交谈的话题。然而他却紧逼不舍：

“让我看看您的酒窖，我请求您。”

对如此坚决的请求，你是没有办法回绝的。我指给他看厨房角落里的一把没有椅垫的椅子，那上面摆着一只容量十二升左右的大肚坛。

“我的酒窖，那就是，先生。”

“您的酒窖，就是这个？”

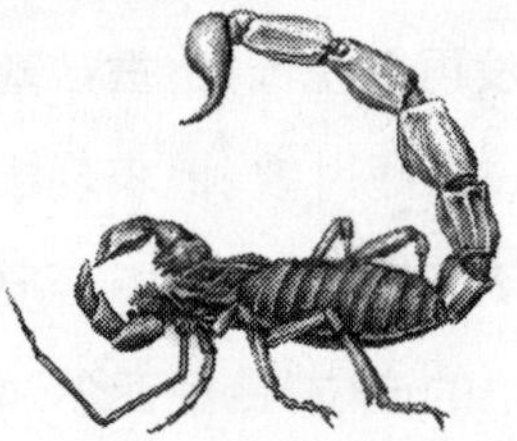

“我没有别的了。”

“全都在这儿了？”

“毫无办法！是的，全都在这儿了。”

“啊！”

他没再说什么。学者没有发表任何见解。看得出，巴斯德并不知道，里面现在盛着的，是老百姓称之为“烈性母牛”的一种佐料甚足的腌菜。无疑，关于利用加热来抑制发酵素的问题，我的酒窖，也就是那把旧椅子和那个拍起来空洞有声的大肚坛，它是无可奉告的。但是它却雄辩地说明着另一件事，而我这赫赫有名的来访者显然没有听懂。一种微生物逃过了他的眼睛，而且是最可怕微生物的一种，那就是：扼杀人们坚强意志的“歹运”。

尽管酒窖的插曲叫人心里很不舒服，但丝毫不影响我对巴斯德那清醒自信的感慨。他并不了解昆虫的变形是怎么回事；他刚才是有生以来第一次看到蚕茧，得知里面有个东西，那是未来蚕蛾的胚形；我们南方乡村小学一年级孩子都懂的事，他却一窍不通。然而正是这位初学者，不久之后便彻底改变了养蚕场的卫生状况，继而又彻底改变了医药和环境卫生的状况。

他的武器就是思路，是舍弃枝节、立足总体的思路。变形、眠虫、蚕茧、蛹壳、蛹虫等等，以及不胜枚举的昆虫学细微隐秘，这一切都对他无足轻重！解决他的问题，以不知道这一切为好。思路这东西，能更好地保持独立头脑和大胆起飞精神；其行动将更为自由，将能够越出已知世界的边线。

巴斯德用惊奇万分的耳朵听着蚕茧的响动，这举动本身就是一种光辉范例。受这一范例的鼓舞，我已经在自己的昆虫学研究工作中，将无知法则当作一条必循的规律。我很少去翻书。与其去翻书本，采取我无力承受的高消费方式，与其向他人讨教，还不如持之以恒地和我的研究对象单独呆在一起，直到能让它最终开口说话。我什么也不知道，可这有多好，只会使我对虫子的提问更为自由。我可以根据获得的启发，今天按一条思路了解情况，明天按相反的思路了解情况。如果偶尔我去翻翻书，那是我在设法为自己的头脑清理出一块向怀疑敞开的空地；因为此时，疯长的杂草和浓密的荆棘已经封严了我赖以耕耘的土地。

正是由于当时缺乏这样的先见之明，那年我险些白白浪费一整年的时间。那时候，出于对读来的东西的信赖，我不在九月之前去等候朗格多克蝎的家庭；可如今却无意之中，在七月里看见了它的家庭。实际日期和书本日期之间的这个差距，我认为是地区差别造成的：我今天是在普罗旺斯进行观察；而那位当年为我提供信息的莱昂·杜福尔先生，则是在西班牙进行的观察。尽管老师是有很高权威的，但我当时还是留个心眼儿才对。如果不是碰巧常见蝎种黑蝎给我提供了信息，那末在丧失独立思考的情况下，我肯定会错过观察朗格多克蝎家庭的机会。细想起来，巴斯德不知蚕蛹为何物一事，包含着极其深刻的道理呀！

常见蝎比朗格多克蝎的体型小，也没有它那么好动。我曾在工作间的桌子上摆放了一些不大的广口瓶，里面喂养常见蝎，用来做对照蝎种。这些普普通通的容器不占地方，而且便于观察，我每天都可以察看它们。早上，在开始往记录簿上填写文字之前，我总忘不了掀开食客们藏身的纸壳片，了解夜里发生的情况。但这种每日察看的办法，对大玻璃笼不太实用，因为笼子里有许多格室，如果一格一格地检查，不管怎样巧妙地恢复原样，也势必在笼中引起骚乱。广口瓶盛黑蝎，察看一遍只消片刻。

有一回，直系后代与母亲形影不离的场景，忽然映入我的眼帘。七月二十二日，早晨六点钟光景，我掀开黑蝎的纸壳掩蔽室，发现一只母蝎背上挤着一群小蝎，看上去仿佛披在母蝎身上的白色短斗篷。我心里顿时产生一种甜蜜的满足感，这种令人欣慰的时刻，观察工作者要隔很长时间才能赶上一次。这是我第一次看到雌蝎把幼蝎“穿”在身上的珍贵场景。蝎妈妈刚完成分娩，估计是夜里开始的，因为头一天晚上它身上还是光溜溜的。

还有别的成果等待着我呢。第二天，又一只蝎妈妈被孩子们蒙上白斗篷。第三天，又有两只蝎妈妈披上白斗篷。至此一共四只了。我所奢望的，也没有这么多。和四只母蝎的四个家庭在一地，静谧地度过几天，你会感到生活增添了种种温馨气氛。

现在，运气仍一如既往帮助我。自从在广口瓶里获得那第一次发现后，我就想到用玻璃笼了。此时此刻我正在寻思，朗格多克蝎是否不像黑蝎那样早熟。不用想了，快去看个究竟。

二十五块瓦片全部掀开。啊，成就辉煌！我觉得老血管里有一股热流在翻滚，那是股如此熟悉的热流，涌动着我二十岁时的激情。二十五块瓦片中，有三块下面发现了正照看着家庭的母蝎。一只母蝎的孩子们已经开始长大，它们生长了有一个星期，要是我连续观察的话，早该知道这情况了。另两只母蝎刚生产不久，是在昨夜里，因为大肚皮下还惟恐有失地保存着残留物。至于残留物能说明什么问题，我们等会儿再谈。

七月结束了，八月和九月又过去了，再没有得到能为研究资料充实新内容的结果。由此可见，两个蝎种的繁殖期都在七月后半月。七月一过，一切结束。可是，留在笼内的寄居客当中，还有一些大腹便便的雌蝎，它们的体形，和已经给我生出蝎宝宝的母蝎产前一样。我一度以为，它们也要给蝎类居民增添人口了，那外观处处让我觉得会是这样。冬天到了，它们没有一位对我的期待做出响应。这件看上去会很快发生的事，结果竟推迟到了下一年。这个新事实说明，妊娠期是漫长的。这样漫长的妊娠期，在低等动物中实属罕见。

空间狭小的容器，便于从事细致的观察，因此我把每只母蝎连同它所生的幼蝎，一起单独安置在一只较小的容器里。早间察看时，夜里产仔的母蝎，肚皮下还藏着一部分幼蝎。我用稻草尖拨开母蝎，在尚未爬上母背的幼蝎堆里发现一些东西，而这一发现，彻底动摇了我所读到的各种书本对此做出的不求甚解的说法。有人声称，蝎类属于胎生动物。这说法，就其表述而言是颇有见解的，然而缺乏的是准确性。实际上，幼蝎并非一降生就具备我们所熟悉的那副模样。

这一点，从道理上也是讲得通的。你怎么可以想象，宽阔的钳子，伸展着的足爪，以及蜷曲着的尾巴，这些东西能进入母蝎那狭窄的通道呢？这么有碍行动的小动物，大概永远也不会穿过那条体内窄道。它出世的时候，必须是包裹起来的，不占什么空间。

在母蝎身下发现的残留物，正是名副其实的卵，它们与解剖已妊娠相当长时间的卵巢而得到的蝎卵，几乎别无二致。小小的幼蝎，以节省空间的方式，缩成米粒状的东西，尾巴顺在肚皮上，双钳回折在胸前，几对足爪紧贴在腰侧，这样，椭圆形的小生命团便可以轻巧滑动，不致出现时畅时阻的情况。额头上的小黑点，即是幼蝎的眼睛。幼蝎悬浮在一滴透明的液体里，此时此刻，这就是它的世界和大气，大气外面包着的是一层精妙的薄膜。

那些残留物，就是地地道道的卵。分娩刚刚结束时，朗格多克蝎母蝎的身边有三四十个卵，比黑蝎母蝎的略少一些。遗憾的是，当我去观察夜间分娩的时候，已经太晚了，只赶上个结尾。不过，所剩无几的卵粒，也足以令我信服了。蝎类事实上是卵生动物，只是卵的孵化期极为短暂，母蝎产卵刚完，幼蝎就破卵而出了。

幼蝎是怎样脱身出来的？我当然也有目睹这一过程的特权。我看到，母蝎用大颚尖抓起卵的薄膜，把它撕破，扯开，而后吞咽进去。给新生儿剥胎衣时，它格外精心，流露着母羊和母猫舔食胎衣时那种抚爱。尽管工具那样的粗糙，但刚成形的小肉体却既未划伤皮肉，又未扭伤筋骨。

我再一次感到惊讶：蝎类是最先将近乎人类的母爱传授给生命物的。远在石炭纪植物区系年代，当着第一只蝎子出现之际，生儿育女的种种抚爱之心，就已在酝酿之中了。那相当于休眠种粒的卵，那当时已为爬行动物和鱼类所拥有，不久又当为鸟类和几乎全部昆虫所拥有的卵，后来又以一种微妙无穷的有机体形态应运而生，成为了高等动物胎生现象的序曲。至此，生命胚胎的孵化，不是在体外各种事物凶险冲突的环境中完成了，而是在母体的腰间完成。

生命进化并不是循序渐进的过程，并非一定从低劣进入良好，随即从良好进入最佳；进化是以跳跃形式完成的，有的时候出现进步，有的时候也出现倒退。海洋有涨潮，也有落潮。生命是又一种海洋，比水的海洋更深奥莫测，同样有过涨潮和落潮。生命今后还会有涨潮和落潮吗？谁能说还会有？谁又能说不会再有？

如果母羊不用嘴唇摘除胎膜并吞吃掉，不能以此为手段使羊羔得到关照，那末，羊羔就永远不能从襁褓里脱出身来。同样道理，仔蝎也指望得到母亲的帮助。我见到有些仔蝎被黏膜裹缠住，在已经撕破的卵囊里不知所措地挣扎，然而却始终挣脱不出来。绝不可以认为，幼虫自身会在挣脱束缚时起什么作用。其脆弱对付不了另一种脆弱，即出生囊袋的那种脆弱，尽管它薄得就像葱头片内壁的皮膜。

雏鸡嘴尖包着一层存在时间很短暂的硬茧，供它出世时啄裂蛋壳用。仔蝎则不然，它蜷缩成不占地方的米粒形状，无所作为地等待外来帮助。一切都由母亲完成。母亲精益求精地工作。分娩过程附带排出的东西，它全部清理干净。即使是随大溜混在正常蝎卵当中的寥寥无几的未孕卵，它也绝不放过一粒。碎衣破布一类的残片，一点儿都看不见了；一切都回到母亲的肚子里；产卵占用的那片土地，收拾得干干净净。

我们所看到的，是母蝎细心做过挑拣后存留下来的幼蝎，它们浑身清洁，自由自在。它们现在是白色的。它们从头至尾的身长，朗格多克蝎为九毫米，黑蝎为四毫米。脱胎清洁既已搞完，幼蝎们便一同开始了攀登运动，这儿一只那儿一只地往母亲的脊背上爬。它们顺着母亲的钳子，不紧不慢地爬向高处。母蝎保持着双钳着地的姿势，为小宝宝爬上自己身体创造条件。幼蝎一只紧挨一只地集结在一起，在毫无目的的混合编队过程中，构成了母蝎后背上的一片覆盖层，而且面积在不断扩大。它们凭借自己的小爪子，牢牢扒在母蝎身上。我试过，如果不对这些娇嫩的小生灵施加点儿粗暴动作，那末要用毛笔尖扫掉它们还颇费一番功夫呢。现在驮兽和驮载物都不动弹了，这正是开始试验的好时候。

母蝎身上穿着由子女们连缀成的细布白斗篷，这情景确实值得一看。母蝎保持静止不动，高高地翘卷着尾巴。我把一根稻草凑到蝎子一家的近旁，母蝎立刻举起双钳，带着一股怒气，这态度只有在奋起自卫时才偶尔看得到。它挥开双拳，拉起拳击架式，一对钳口张得大大的，准备随时还击。尾巴仍然翘着，但是在挥摆，这动作平时极少看见。但它并不把尾巴突然平放下来，大概是怕脊背产生晃动，会把身上的驮载物甩下一部分来。只要挥起拳头，就够有威胁性了，就够勇猛，够突然，够威风的了。

雌蝎盛怒，我并不感到好奇。我拨掉一只幼蝎，放在母蝎面前，离它只有一指宽的距离。母蝎好像并不把这起事故放在心上，原来一动不动，现在仍一动不动。掉下个把小家伙，何必大惊小怪？滑落下去的小蝎，自己可以脱离困境。只见它先打了半天手势，好不焦急，过后发现旁边就有母亲的一只钳臂，立刻迅速爬上去，重新回到兄弟们中间。它又骑在了马上，但动作并不灵敏，根本不能与狼蛛子弟们的灵活敏捷同日而语。那蛛类的后代，个个是精通高空杂技的马戏演员。

试验又重复了一遍，规模比刚才大。这一回，我拨掉了驮载物中的一部分，这些幼蝎摔散开来，

但溅落得不远。接着出现的是不知所措的局面，而且持续了相当一段时间。孩子们不知该往哪儿爬，来回打转。母亲终于对现状感到忧虑。母蝎用两条合抱成半圆的胳膊

（其实是蝎类的钳式触角），先刮净地面的沙粒，从而得以把迷失的孩子领回自己身边。这一行动实在笨拙，透着粗野，丝毫不管是否会把小宝贝轧碎。母鸡只需一声温和的召唤，离去的小鸡便回到自己的怀抱；母蝎却要搂上一耙，把幼蝎聚拢到一起。还好，所有幼蝎都安然无恙。它们一摸到母亲，立即爬了上去，重新集结起母背集团。

即使是素不相识的孩子，母蝎也会像对待亲生儿子似的，接纳它为自己背上集团的一员。如果用毛笔扫帚，把一只母蝎的整窝后代或部分后代从它身上赶开，然后把它们放到正照料自己孩子的另一只母蝎近旁，那末这后一只母蝎就会把它们用双臂搂到一起，就像搂的是自己亲生的儿子，心甘情愿地让新来的孩子们爬到自己身上。可以说，这母蝎收养了它们，如果"收养"一词用在这儿并不表示这母亲野心太大的话。母蝎不会干那种事的。真正称得上野心太大的，那是狼蛛。狼蛛昏头昏脑，区别不了自己的家庭和别的家庭。凡是在自己身旁蹦动的小狼蛛，母狼蛛都抱欢迎态度。

在地中海一带，常看到母狼蛛背上驮着一堆幼蛛，在一种常绿矮灌木丛中游逛。我曾期待能看到母蝎也像狼蛛一样，驮着后代出去散步。然而雌蝎不知道这种消遣活动。一旦做了母亲，雌蝎一般情况下都不再出门。甚至在晚上，当其他同类都出去玩耍的时候，它也呆在家里。它把自己关在小单间里，废寝忘食地养育儿女。

事实上，小精灵们还需要经受一次痛苦的考验，毫不夸张地说，它们必须再出生一次。现在，它们正做着一件默默无闻的工作，这工作就是昆虫由幼虫走向完全变态的成虫。幼蝎的外表虽然和成虫相当相像，但线条轮廓仍不够清晰，其形象仿佛是透过水蒸气看到的一样。可以想象，它们需要脱去那套幼儿套服，才能长成修长的身材，获得清晰的相貌。

这项脱外衣的工作，要求幼蝎在母蝎背上度过八天。这期间，幼蝎完成“弃皮”。我觉得，说“蜕皮”不很恰当，因为幼蝎的弃皮与真正意义上的蜕皮有区别，而且蜕皮是要经过若干次的。蜕皮是在胸廓上裂开一道缝，虫子仅仅通过这道缝，使全身崭露而出，丢掉一身儿不再穿的干燥衣装。只有在丢掉干皮层这一点上，蝎类的弃皮与所谓蜕皮相同。蜕皮所丢下的空壳，就像一个模子，惟妙惟肖地保留着模塑物的外观。

我们现在正观察着的，完全是另一回事。我在一块玻璃片上，放了几只正处在弃皮过程中的幼蝎。它们一动不动地趴在那里，显出格外受罪的样子，几乎支持不住了。外皮破裂了，没有专门的裂口，是前后左右同时挣破的。足爪从护腿套中脱出，钳子抽出护手甲，从剑鞘里拔出来的是尾巴。脱下的外皮掉在地上，像堆破烂衣片。这是一种既无顺序，又不保持完整形状的剥落。这一过程完成后，外皮剥落的幼蝎便显露出蝎类规整的外观。不仅如此，它们的行动也变得敏捷了。虽然它们仍旧浑身苍白，但动作灵活得多，转眼间就下了地，在母亲身边玩耍，奔跑。最惊人的长进，表现在身体突然变长这一点上。朗格多克蝎幼蝎的身长，原来为九毫米，现在变成了十四毫米；黑蝎幼蝎达到了六七毫米。身长增加了半倍，体积更增加了两倍之多。

惊讶之余，我们不禁会问，身体突然变长的原因何在?事实上，幼蝎并未吃进任何食物呀。至于体重，非但没有增加，相反还减少了，因为抛弃了一层外皮。总之，体积增加，质量未增。因此，这是一种体积产生一定程度扩张的膨胀，与此道理相通的现象，可举出未经加工的物体的受热膨胀。由于内部变化，生命分子构成空间更大的结构体，在并无新物质成分加入的情况下，体积却增加了。我想，谁如果非常有耐心，并且配

备一套合适的工具，那末他大概就可以跟踪观察到这种建筑结构的一系列快速突变，最终获得一定的质量。我是自感知识不足了，这难题就交给别人去解决吧。

幼蝎剥落的外皮，是些白色的条状物，像上了光的碎衣片。它们绝不会掉在地上，而是牢牢附着在雌蝎的后背上，特别是靠近足爪根基那一带，混杂交织成一片柔软的白毯。刚刚剥落外皮的幼蝎，正好栖息在白毯上。坐骑现在配上了一层鞍垫，骑手们身体摇晃时，可以靠它来稳定身姿。幼蝎的破衣层，又是结实的鞍缮，可以为骑手们提供抓把、蹬踏的方便，上马下马的一连串动作变得更轻快自如。

我用毛笔轻轻赶掉母蝎背上的孩子们，眼前立刻出现了十分开心的场面。失镫落马的骑手们，操着异常迅捷的动作纷纷上马。它们抓住鞍缮垂条，借着尾巴撑杆的力量向上一蹿，瞬间翻身就位。奇妙垫毯为骑手上马准备的鞍缮，可以结结实实地存在一个星期左右，也就是一直保存到幼蝎解除监护的时候。那个时间一到，垫毯便全部或局部地松垮下来。随着小家伙们四下离散而去，垫毯也将变得无影无踪。

幼蝎开始显现出体色来，腹部和尾部染上一层金黄，钳子透着半透明大理石般的晶莹。青春让一切都变得美妙起来。它们确实美妙动人了，我的小朗格多克蝎们。如果它们保持住现在这副模样，而且没有生成一个很快将令人生畏的毒汁蒸馏器，那末就会成为人们非常乐意喂养的精美宠物。不久之后，它们萌发了解除监护的朦胧愿望。它们兴致勃勃地从母亲背上爬下来，在它周围快乐地玩耍。如果它们走得太远，母亲便发出警告，并且用前臂双耙在沙土上刮动，把它们重新聚拢到一起。

每当小憩的时候，雌蝎身边会出现不亚于母鸡和小鸡休息时的精彩场面。绝大多数小蝎趴在地上，挤在母亲身边；几只小蝎呆在白垫毯上，但此时的垫毯已经成了一小块一小块的坐垫。有的小蝎顺着母亲的尾巴爬高，攀上那螺旋峰的顶巅，饶有兴味地从那里饱览脚下的蝎群风貌。另一组杂技演员突然赶到山顶，撵跑已经过了观赏瘾的同伴，随后取而代之。每个小家伙，都想满足自己对观景台的好奇心。

大部分家庭成员围在母亲身旁，它们也不闲着，在那里不停地蹭动。它们钻在母亲的肚皮下，缩着身子，露着额头，视觉器官的黑点在额前一闪一闪的。那些最不知闲的，专门喜欢母亲的足爪，把它们当作健身器械来玩。这是在专心致志地练习吊杠。过了一会儿，大家不玩了，重新爬上母亲的脊背，各自找好位置，安定下来。这会儿，谁也不再活动，母亲和孩子，无一例外。

现在是小蝎的成熟期，也是解除监护的准备阶段，时间持续一个星期，恰好和不进食而体积增加两倍的特殊工作用的时间一样长。蝎类的家庭后代，总共在母亲背上呆十五天。母狼蛛驮孩子的时间长达六七个月，这期间小狼蛛无需进食，却始终保持着灵敏的动作和好动的性格。那末，母蝎的孩子们吃什么吗?尤其是经过蜕变而获得新生及灵活性后，母亲是否请它们一道享用自己的餐食?是否把自己茶点中比较软和的东西留给它们?事实是，它谁也不请，什么也不留。

我投给母蝎一只蝗虫，是从我认为适合小蝎口味的小型野味中挑选的。母亲一口一口地嚼着肉，根本不顾周围的孩子们。正在这时，一只小蝎从母亲的脊背上跑过，一直爬到前额上，斜探出身子，观看母亲前面发生了什么情况。小蝎的爪尖碰着了母亲的下颌，小家伙突然退缩回去，魂都吓丢了。它离开那里，算它谨慎。这位嚼起来收不住嘴的长辈，不但绝不会给小蝎留一口吃食，而且很可能会猛然咬住它，然后毫不介意地吞进肚里。

母蝎正在啃蝗虫头部，一只小蝎扒挂在了蝗虫尾部。小家伙轻轻咬咬，悄悄拽拽，真想吃上一小

块。可是，它放弃了自己的打算，原来这个部位太硬。

还有一种情况相当多见。小蝎胃口初开，如果母亲稍加留意，给它们几口吃，特别是适合它们嫩弱嗉囊的食物，它们一定格外高兴接受母亲的馈赠。然而，母亲只顾吃自己的，别的什么都不管。

你们该怎么办哪，噢，让我度过了美好时光的漂亮的小蝎？你们是想出走了，想到遥远的地方去觅食，寻找毫不起眼的小虫。这一点，从你们焦躁的游窜中已经看得出来。你们正在逃离母亲，是它不再认你们这群孩子了。是啊，你们长得够强壮了，是各奔东西的时候啦。

假如我清楚你们爱吃什么样的小野味，假如我有充裕的空闲时间给你们去抓活食，那我该有多高兴，我会继续抚养你们，而且不再把你们圈在出生地玻璃笼里，不再让你们置身于碎瓦片之间，混迹于老年社会当中。我深深知道，那些老家伙襟怀狭隘，容不得人。那些老妖精会吃掉你们的，我的小宝宝们。母亲是不保护你们的，它已经把你们视为陌生的同类；下一年求偶时节，它也会怀着嫉妒之心吃掉你们。你们应该离去，而且，为了谨慎起见，也必须这样做。

要是不走的话，你们住在哪里，又以什么为生呢？我们还是分手的好，尽管我于心不忍。今后几天里找一天，我将带你们到你们的领地去，把你们撒放在那里。那里的山坡上，石头可多呢，而且洒满了阳光。你们在那里能找到同类伙伴，它们和你们一样，也刚刚开始长大；但它们已经在不足一指宽的窄石块下，过上了独立生活。我可爱的小生灵，你们在那里，将比在我家更能学会为生活而艰苦卓绝地斗争。

①巴斯德（Pasteur，1822—1895）：法国化学家，微生物学的奠基人，重视科学实验，不受旧说束缚，生前做出一系列开创性贡献。
②吉尼亚尔：希腊神话中的农牧神，肩负着消灭农业灾害的重任。

译自原著第9卷《朗格多克蝎的家庭》

白蝎自杀

L'HYPNOSE: LE SUICIDE

经碰击物体一震，或突然受到惊吓，虫子便陷入一种迷迷糊糊的状态，这种状态好比是鸟把头扎在膀下，原地晃晃悠悠地站上一会儿。突然出现的恐怖，会使人惊呆，有时甚至能致人于死命。人既然都如此，那末反应极其敏感的昆虫，其生理机能在遇到可怕事物的震慑惊吓时，怎么能承受得了，怎么能不暂时就范呢？如果惊恐程度较轻，昆虫挛缩片刻，而后很快恢复正常，惊恐症状随之缓解；如果受惊严重，就会突然进入催眠状态，长时间僵滞不动。

昆虫根本不知道死是怎么回事，因此也不会装出死来。昆虫同样不知道自杀是怎么回事，不知道自杀是用于即刻中断极端痛苦状况的一种手段。据我所知，某只动物自动剥夺自己生命这种情况，至今还没有名副其实的真正实例。感情色彩较浓的虫子，有时会任凭苦恼折磨自己，直至神形憔悴，这种事确实有。可这与用匕首刺死自己，用小刀割断自己喉咙一类事，还沾不上边哪。

话题至此，我倒是想起了蝎子自杀的事。关于蝎子是否有自杀一事，有人持肯定态度，有人持否定态度。有人说，蝎子被围在一圈火当中，用带毒的螯针戳刺自己，直到这死刑执行完毕。这故事里究竟有多少真实成份？现在该我们亲自看一看了。

周围环境对我很有帮助。此时，我在铺了沙土、放了碎瓦片的几个大泥罐里，养着一群怪

矮　栎　树　胭　脂　虫

荒　石　园

模怪样的动物。我一直等着它们提供些对研究昆虫习俗有用的事实，可它们不理睬我的愿望。我可以改改路数，那样就一定能有收效。我养的是南方大白蝎，一共十二对。附近小山上阳光充足的沙质土地带，有许多扁平石条。每块石条下只住着孤零零的一只蝎子，但这丑陋的虫子却分布极广，数量多得很。大白蝎名声很坏。

有关它螯针如何厉害的问题，我本人说不出什么。需要与书房里这群可怕的囚徒们接触时，会面临危险，所以我总要加点儿小心，注意避其锋芒。自己没有亲身体验，只好向他人讨教。我让别人谈谈他们的体验，这些人主要是砍木柴的工人，他们久而久之总要因一遭不慎而尝点儿苦头。其中一位告诉我：

“汤饭吃完了，我靠在柴捆当中打了会儿盹儿，猛然间被一阵难忍的疼劲儿惊醒过来。那滋味儿就像是被烧红的钢针扎了一家伙。我伸过手去一摸，嗯，按着个乱动弹的东西。是只蝎子钻进裤筒里了，正好在腿肚子下边一点儿螫了我一下。这丑八怪，足有手指头那么长。有这么长，先生，这么长。”

这位厚道人边说边比划，还特意伸出自己那根长长的食指。这样长的尺寸并不让我惊奇，因为我外出捕虫时，见过这么长的蝎子。

“我还想接着干活儿哪，”对方继续说，“可浑身直冒冷汗，眼瞅着那条腿就肿起来了，一下肿得这么粗。这么粗，先生，这么粗。”

接着，这汉子又比划起来，他张开双手，空掐在小腿周围，做出有一只小桶粗的样子。

“是的，有这么粗，先生，这么粗。我使出吃奶的劲儿，才回到了家，其实也就是四分之一里这么点儿路。小腿肿得越来越

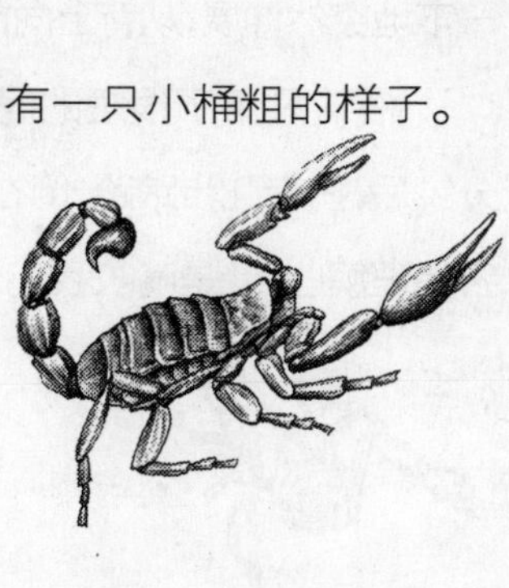

大，越来越往上。第二天，已经肿到这么高的地方了。”

他用手做了个指示动作，告诉我是到了小腿窝的高度。

“是的，先生，整整三天，我都站不起来。我使劲儿忍着，把腿跷在一把椅子上。敷了好多次碱末，才算消了肿，喏，才像现在这样了，先生，您看。”

讲完自己的经历，他又提起另一个砍柴人的事，也是被蝎子蜇了小腿下部。由于那个人砍柴的地点相当远，没有力气走到家了。他就倒在了路边上。几个过路人看见后，分别抱住他的头、腰和腿，一起用肩膀把他扛了回来。“就像扛死尸那样，先生，扛死尸那样！”

叙述者带着乡下人的风格说事情，比划多而话语少，但我不觉得他在夸张。被白蝎蜇着，对人来说确实是件不可等闲视之的事。蝎子被自己的同类蜇一下，很快就会支持不住的。在这个问题上，我比外行人更有发言权：我亲自做过多次观察。

我从我的动物园里取出两只强壮有力的大家伙，把它们同时放在一个大口瓶的沙底上。我用稻草棍拨弄它们，激怒它们，同时让它们都倒退着移动，最后相遇在一起。两位受到骚扰的勇士，决心立即进行决斗。恼火是我挑起来的，可看上去，二位大概都把惹事生非的罪过归在了对方头上。双方的防御武器钳子，伸举成了月芽儿状的姿势；钳口张开顶住对方，不让对方近身；两条蝎尾你一下我一下地突然伸展，从背上向前突刺；毒囊不断顶撞在一起，一小滴清亮如水的毒汁挂上了蜇针的硬尖。

格斗只用了很短的时间。其中一只白蝎，被另一只的毒性武器刺了个正着。这下完了：两三分钟后，伤者几步踉跄，倒在地上。胜者一点儿不动声色，平平静静地开始啃咬败者头胸的前端，说得容易理解些，就是啃咬我们想找到蝎头却看到只是个肚子前口的那个地方。每一口啃咬都很小，但啃

咬的时间拖得很长。一连四五天，食同类肉的蝎虫几乎没有停口地吃着自己死去的同行。吃掉战败者，其理由只有一点是可以原谅的，即：这行为对战胜者而言是光明磊落的。我们人类，包括所有人群在内，都不会设法将战场上的人肉熏熟作口粮。人类为什么这样，我还说不清楚。 我们已经得到真实的情况：蝎子的蜇针可以使蝎类自身即刻丧命。现在就来谈蝎子的自杀问题，也就是有人向我们讲到的那种自杀法。如果按人们所说，蝎子被围在一圈火炭中间，它便会用蜇针刺自己，最后以自愿死亡来结束这失常状态。假如真是这样，那末对这种野性生灵来说本应是件很理想的事。我们亲眼看一看。

我用烧红的木炭块围成一圈火墙，把我动物园里那只最大个儿的家伙放在火墙当中。风助火势，炭墙通红。烫肉的热浪开始烤在蝎子身体上，它倒退着在火圈里打转。一不留神，身体碰在烫肉的围栏上。只见它左一闪，右一躲，突然一下起动，不顾方向地倒退着瞎冲，身体另一处又挨了一下烫。每一次想逃脱，都被更狠地烧着一下。蝎子变得丧心病狂了。往前冲，烫一下；往后退，又烫一下。绝望中它狂怒了，挥舞着长枪，反卷成钩子，而后伸直开来，平放在地，接着又举了起来，动作来得那么迅疾，家伙儿耍得那么没有章法，简直叫我看不清招招式式是怎么作出来的。

现在该刺出一剑来超脱这失常状态了吧？谁知突然一阵抽搐，这变态狂接着就一动不动了，身体伸得直直的，平卧在地上。再往后，仍不动一下，彻底僵直了。这蝎子，它死啦？你会认为它真死了。也许在眼花缭乱的最后狂舞过程中，有一剑刺中了它自己，而我却没看见吧。如果它确实用短剑刺杀了自己，靠自杀得到解脱，那末，它毫无疑问是已经死了。我们看到了，只消那么短的时间，它就被自己的毒汁夺去了性命。

但我总有些怀疑，于是用镊子夹起看上去已经丧生的蝎子，放在一摊凉沙土上。一个小时后，所谓的死者忽然复活了，和接受火烤试验前一样生气勃勃。我继续试验了第二只蝎子，第三只蝎子。结果完全一样：因绝望而疯狂后，都突然不动了，都像被雷击致死那样瘫卧在地；放到凉沙子上后，又都恢复了生机。

由此可以确信，杜撰蝎子自杀一事的那些人，是被它突然失去活力的现象迷惑住了。蝎子身陷火墙高温之中，怒不可遏，痉挛至猝然倒卧，这场面让他们受骗上当了。他们过早地相信是事实，结果就让蝎子在原地活活烤焦了。假如他们不那么轻信，早些将蝎子从火圈中取出，那样大概就能看到，看似已死的蝎子又恢复活力。这说明，蝎子根本不知自杀是什么。

除了人以外，任何有生命的东西，都不具备自愿结束生命的至壮至烈的精神力量。我们人，

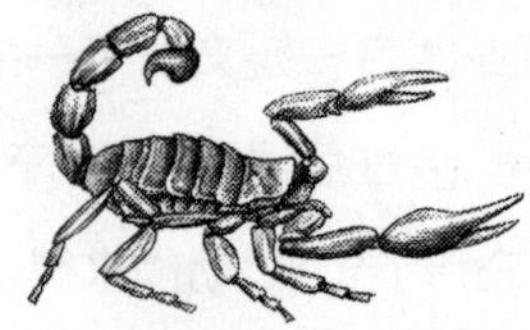

自感有勇气和魄力从生活的苦难中自行解脱，视此为人的崇高特性，为一种可以进入沉思境界的优势，似乎是我们高于动物贱民地位的一种标志。然而，一旦我们真的把这种精神付诸于行动，其骨子里所存在的则是怯懦。

如果有谁想走这一步，那末不妨先重温一下黄面孔人的伟大贤哲——孔子在二十五个世纪前说的话。这位中国圣人在林中撞见一位陌生男子，正往树杈上拴系上吊绳，于是赶紧向他说了几句话。圣人说：

“你的不幸确实太大了，然而其中最大的不幸当是向绝望屈服这件事。其他什么事都可挽救，惟独此事无可挽救。不要觉得你失去了一切，要说服自己坚信一条被多少世纪所证实了的真理。这真理即是：只要一个人享受着生命，他就没有任何可失望的。他能够从最大的苦难走向最大的快乐，摆脱最大的灾祸而获得最高的福分。重新鼓起勇气吧，只当从今天开始你要认识生命的价值了，并因此而全力以赴，每时每刻都好好利用生命。”

这条中国式的哲思浅显易懂，然而却寓意不凡。它让人想起，我们那位寓言家也有对这一哲思的另一种表述。寓言家写道：

……让别人折磨得尽管残酷，

把我变成缺胳膊少腿浑身痛的残废不在乎，

只要能留下条命我就比什么都感到心满意足。

不错，寓言大师和贤哲孔夫子说得很有道理：生命是种很严肃的东西，人们不会一遇到拦路荆棘和烦心琐事就把它抛弃。我们应当不是把生命当作一种享乐，一种磨难，而是当作一种义务，一种只要最后期限未到我们就必须全力而尽的义务。

让这期限提前到来，就是懦夫，就是蠢货。我们有权凭自己的心愿决定坠入死亡无底洞的方式，然而这不意味着我们有权轻生遁世。相反，这种自由意志之权力，恰恰给我们提供了动物所全然不知的向前看的本领。

只有我们，才知道生命的狂欢会怎样结束；只有我们，才预见自己的末日；只有我们，才对死者怀有崇拜之情。这些大事，其他动物无一会想得到。当着一种劣质科学在那里高谈阔论，当着这低品位论调要我们相信一只可怜的虫子会耍装死伎俩的时候，让我们提出这样的正告：把事实看得再清楚些，切莫将虫子被吓昏，误认为虫子能假装作出根本没有的事。

只有我们才能做到清醒认识一个结局，只有我们才具备想见彼岸的本能。地位卑微的昆虫学，要在这个问题上让人们也听到自己的声音："你们要有信心，要相信本能从未违背过自己的诺言。"

节译自原著第 7 卷《催眠及自杀》

黑步甲装死

LA SIMULATION DE LA MORT

第一位就装死问题接受我们调查的，是肆无忌惮的剖腹刽子手，生性粗暴的大头黑步甲。要让它作出不动的样子，办法很简单：我用手捏它片刻，几个手指再翻转它一气；还可以使用更有效的方法，松开手让它跌落在桌子上，在一个不太高的高度上这样搞它两三次。虫子感受到了碰撞的震动，如有必要，再多让它受几次震动。这之后，我把它背朝下放在桌面上。

这就足够了：虫子躺在那里一动不动，和死了一样。它的爪子折缩在肚子前面，两条瘫软的触须交叉在一起，两副手钳都张着口。旁边放上一块手表，实验开始和结束的准确时间就可以掌握了。现在要做的就是等待，尤其是要增强耐心，因为对于在一旁窥伺整个事件的观察者来说，虫子静卧不动状态持续时间之长是令人厌倦的。

如果不许我人为制造影响虫子缩短或延长静卧状态的因素，那末，在同一天的同样气候条件下持续观察同一只虫子，其静止不动状态所保持的姿势会出现许多变化。应该测试对此产生作用的如此众多、但有时又如此微弱的外部影响，特别是收集虫子自身所得到的真实感受，然而，这类因素诚属难揭之谜。我们还是来做记录观察结果的工作吧。

静卧不动状态，常遇到能持续五十分钟左右的；某些情况下，甚至超过了一个小时。最常见的持续时间，平均为二十分钟。如果虫子不受任何惊扰，比如，实验正好在酷暑时进行，我把它扣在玻璃罩里，避开了热天里烦人的光顾客苍蝇，那末，静卧不动便成了地地道道的静卧不动：跗节、口须、触角，这些细微部分都纹丝不动。整个僵滞过程中，虫子看上去简直和死了一样。

终于，看起来像死了的虫子苏醒过来。前爪跗节微颤，紧接着所有跗节都颤动起来；口须和触角缓缓摇晃，这是重新活跃前的征兆。腿脚现在都乱划乱晃起来。身体在腰带紧束处稍稍躬起；接着重心落在头和背上；然后一使劲，便翻过身来。此时此刻的它，又操起小碎步，向别处走去，看上去仿佛依然保持着警觉，一旦我再施行撞击术就立即再作死过去的样子。

趁这工夫，再开始做一次实验。刚刚复苏的虫子，又一次不动了，还是六脚朝天的姿势。这一次它作出的死样，比头一次的时间长。当它再醒过来，我又做了第三次实验。这之后又做了第四次，第五次，不给它一点儿喘息的机会。静卧不动的时间越来越长。我们来计算一下时间。连续进行的五次实验，持续时间依次为：十七分钟，二十分钟，二十五分钟，三十三分钟，五十分钟。死亡姿态从第一次的一刻钟，达到了第五次的近一个小时。

我做了许多次这样的实验，尽管结果不完全一样，但基本上有一个共同点，也就是说，虫子连续假死时，每一次持续的时间都长短不一。这些结果告诉我们，一般情况下，当实验连续重复多次时，黑步甲会使假死状态的时间一次比一次延长。这是否因为一次比一次更适应这种状态了？这是否因为虫子越来越狡猾，以期使敌人最后失去耐心？现在做结论为时尚早，因为我们对虫子查问得还不够。

继续等待吧。我们不必有这样的想法，以为若如此等下去，只要不怕等到我们失去耐心，那末或迟或早，不定哪一次，虫子被我不断

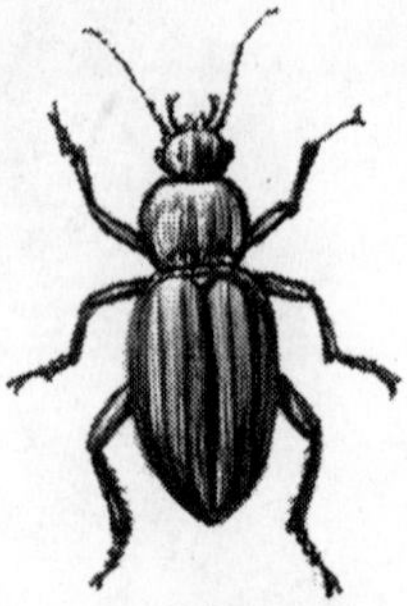

折磨得乱了方寸，就不会再假死了；到那时，同样震动它，再把它背朝下放好，它就会立刻翻过身来，拔腿逃窜，似乎觉出这种不见效的计谋再也使不得了。

依了这种思维定势，你以为事实准会是这样，以愚弄人为能事的滑头虫子，准会设法迷惑进犯者，以此作为保卫自己的手段。它会先假装已死；一旦再有人进犯，它会更加坚定地遵循自己的诈兵原则，再一次装死；当它感到骗术无效后，便会放弃行骗的作法。只是眼下，实验的恶作剧性还不够；要想探出虫子真是在作假，我们得采取一种非常聪明的试探方法，要做到能欺骗骗子手。

接受试探的虫子躺在桌上。它感觉得出自己身下是一块坚硬的物体，向下挖掘是行不通的。挖一处地下隐蔽室，对于掌握着强劲快捷工具的黑步甲来说太容易了；然而在毫无挖掘希望的情况下，它只好一声不吭地操着那死一般的姿势，需要的话，可以坚持一个小时。假如它躺在沙土上，一下子就感觉得出是松散的沙粒，那种情况之下，难道它不迅速恢复行动吗？难道连扭动扭动身体都不想，丝毫不产生要往土里钻的念头吗？

我一心盼着它发生转变。可到头来我知道自己错了。不管我把它放在木头上、玻璃上、沙土上还是松软的田土上，这虫类的策略都没有改变。在一片挖起来特别容易的地面上，它躺在那儿一动不动，竟和呆在坚硬物体表面上的时间一样长。

对不同质地的物体表面都采取一样的态度，这一点，为我们认识疑惑不解的事由打开了一道门缝。接下去，未知事物之门将完全敞开。接受实验者呆在桌子上，就在我这位近距离观察人的眼前。触角半遮着它的视觉，但它也用那对油亮的眼睛看见了我。它盯着我，观察着我。我想，此刻使用这样的字眼儿应该是恰当的。面对着庞然大物——人，虫子的视觉究竟感应如何？小得可怜的家伙，在怎样打量由我们身体构成的这般高大的纪念碑呢?在极其狭小的视野里,极其庞大之物可能什么都不是吧。

话题且不拉得这么远,就算那虫子正盯着我,觉出我是个要害它的家伙。这样的话,只要我呆在那里,生性多疑的虫子就不会动一动。如果它断然恢复活动,那肯定是因为已经耗得我丧失继续实验的耐心了。干脆,我躲到远处去。那样一来,耍花招没有意义了,它准会迅速翻身站起,匆匆拔腿逃跑。

我走出十步远,到了大房间的另一头。我隐蔽起来,不再走动,生怕发出一点儿声响。虫子站起来没有?唔,还没有,我这么小心翼翼的,算是白费了。那虫子独自呆在原地,仍然一点儿没有动静,一直坚持好长时间,和我呆在近旁的时间完全一样。

好精明的家伙,它大概发觉我依然在房间里,只是呆在了另一端的角落里而已。也许它嗅觉太敏感,所以觉出我依然没有离开吧。那好,我们再用些高招。我把它扣在钟形罩下,免得有讨厌的苍蝇飞来搅扰,然后我出了房间,去了花园。凡是能引起它担忧的东西,都没法再靠近它了。门和窗户也都关死了。户外传不进一点儿声音,室内不存在任何产生惊扰的条件。它置身于如此平静的环境当中,将会有什么表现呢?

结果,假死时间和平时完全一样,既未增加,也未减少。二十分钟过去时,四十分钟过去时,我都回到房间里,来到虫子身旁。每次抽查,都看见它一如刚开始放在那儿的样子,依然是仰面朝天,依然是不动窝儿地躺着。

我用好几只虫子,分别做了多次同样的实验,其结果为解决问题提供了非常有力的答案。它们明确无误地表明,虫子死一般的情态,并不是因为它面临危险才假装出来的。我的实验过程中，没有任何令其感到受威胁的因素。它周围没有声音，没有第二者，没有发生任何事。在这种情况下它依然要坚持一动不动，大概不会是为了欺骗什么敌人。既然这一点很清楚，那末事情肯定是有别的原因。

说实在的，它采用特殊伎俩保护自己，究竟有什么必要呢?我知道，一位弱者，一位难能得到保护的和平爱好者，在危难临头时有必要求助于心计。然而，如果它这样一位崇尚武力、浑身甲胄的强盗，也有这类必要，就让我不得其解了。它出没的河边一带，没有一位能敌得过它。强悍的圣甲虫和蛇金龟，都是秉性温厚的虫类，它们非但根本不会虐待它，反而倒成了充实它肉食洞的源源不断的猎物。

或许鸟类对它构成威胁?我很怀疑会是这样。它与步甲虫性质相同，身体里浸透着极难闻的怪味，这气味让鸟类很难往肚里吞。再说，它白天缩在洞里不出来，谁也看不见它，谁也不会打它的主意;只有到了黑夜它才出来活动，此时鸟类已不在河边巡察了。所以，它不必担心被一口啄进鸟嘴。

这样一位残杀蛇金龟，碰得巧也残杀圣甲虫的刽子手，这样一位没有谁能构成威胁的粗暴家伙，它居然会是个稍有风吹草动就躺下装死的胆小鬼!我越想越觉得不合情理。

客居同一片河边地界的抛光金龟，给了我这样的启示。前面所说的大头黑步甲是巨人，相比之下，现在提到的这种抛光金龟则是矮子。二者体型一样，而且同样生得乌黑发亮，同样披挂着盔甲，同样以打劫为习。可是，抛光金龟虽然个小力亏，却几乎不谙装死的伎俩。你把它折腾一番，背朝下放在桌上，它立即翻过身来，拔腿就逃。我每次只能看到它暂时不动地坚持几秒钟。只有一次，经过长时间反复整治之后，小矮子总算假死了一刻钟。

这与大个子形成多么强烈的对比，那家伙刚一被翻过来放在桌上就不动弹了，有时候要一动不动地坚持一小时后才重新爬起来！这与理应看到的情况刚好相反，平时的事实告诉我们，装死是一种以防卫为目的的骗术。强有力的大个子，采取的是懦夫哲学的态度；弱小的小矮子，则采用的是迅速奔逃的策略。二者的作法恰恰相反。这其中究竟藏着什么道理？

试试危险情况会对它产生什么影响。在大头黑步甲背朝下一动不动的时候，让什么样的敌人出现呢？我还不知道它有什么天敌。这样吧，搞一种能使它感到是来犯者的东西。苍蝇让我有了主意。

前面说过了，大热天里做实验时，苍蝇总是来讨人嫌。假如我不加钟形罩，不坚持守在旁边，那末，就不愁那种爱惹是生非的双翅昆虫不落在我的实验对象上，就不愁它不来试探虚实。这一回让苍蝇随便来。

苍蝇刚刚用细爪扫了僵尸似的东西几下，这大头黑步甲的跗节便做出微颤反应，仿佛受到直流电疗的轻度振荡而颤抖；若光顾者只是路过，停脚后随即离去，细微动作很快就没有了；可如果不速之客停留下来，特别是又在浸着唾液和溢流食物汁的嘴边一带活动，那末受折磨的家伙就立即蹬动腿脚，翻身站起，仓皇逃走。

可能它觉得，在这样不值得一顾的对手面前要手腕有失体统吧。它重新动作起来，是因为看出这所谓的祸害根本构不成什么威胁。那好吧，我们转而请另一位讨厌鬼来，一种力量和身材都令人生畏的虫子。现在我手里正好有一只爪子和大颚都非常有劲的天牛。这长角虫类生性平和，这一点我很清楚。然而大头黑步甲并不了解这一点，因为河边沙地上从来没出现过这种大家伙。

论起来，这长角大虫都能让比自己蛮横的虫类感到敬畏。对陌生者的恐惧感，肯定会使事态变得严峻起来。

我用稻草棍把天牛引到大头黑步甲那里。天牛刚把爪子放在仰卧着的虫子身上，它的跗节立即颤动起来。如果天牛不仅迟迟不挪开爪子，而且与它接触得更加频繁，甚至转而变成一种进犯时，死一般的虫体突然翻身站立，逃之夭夭。这一幕，与双翅目昆虫搔弄它时的那一幕如出一辙。危险就在眼前，再加上对陌生者怀有恐惧感，假死的骗术立即放弃，取而代之的是逃跑。

下一个实验也不无价值。虫子翻身躺在桌上，我用一块硬物敲打桌腿。敲击产生轻微震动，不会让桌子出现明显的颤晃。我掌握着分寸，让桌面的震动仿佛是一种带弹性的物体产生的。这次实验不必用力过大，否则会惊动虫子，妨碍它保持僵死状态。每敲打一下，跗节便蜷曲着颤动片刻。

最后还要再看看光线对虫子的影响。直到现在，研究对象都是在书房的弱光环境中接受试验的，没有接触过直射的日光。窗台上此时阳光晒得正足。如果我把虫子从桌子这儿移到窗台上，让保持不动姿势的虫子接触一下强光，它会怎么样呢?啊，就在这时候，事情弄清了。那虫子刚一接触直射下来的阳光，立刻翻过身来，随即夺路而走。

问题够清楚了。吃尽苦头的实验接受者，你刚才已经吐露了一半秘密。苍蝇戏弄你，舔你粘着黏液的嘴唇，把你当作一具尸体，想吸尽所有可口的汁液；你眼前出现的那位吓人的天牛，爪子伸到了你的腹部，就像要占有一份猎物一样；桌子在震动，你以为是土地传感过来的，料定有要入侵你地洞的家伙在掘土；强烈的阳光照在你身上，这对敌人的狼子野心有利，却对你这喜欢昏暗的虫类有害，危及了你的安全。然而事实上，当一种灾祸对你构成威胁的时候，你通常是做出一动不动的反应，你的看家本领是装死。

在上述各种危在旦夕的时刻，你在战栗，而不是装死。你乱了方寸，操起正常立姿，逃离现场。你的骗术荡然无存，更确切地说，根本就没有什么心计可言。你僵滞不动，不是装出来的，那是一种真实状态。你复杂的神经紧张反应，使你一时间陷于某种动弹不得的状态。随便一种情况都会让你极度紧张，随便一种情况都可以使你解除这种状态，特别是受到太阳的照射时。阳光是促发活力的、无与伦比的强烈刺激。

在受到震动后长时间保持静姿方面，我觉得可以与大头黑步甲这大个子相匹敌的是吉丁虫中的一种，即烟黑吉丁。这种虫子个头不小，浑身黝黑，胸甲上带白粉，喜欢呆在刺李树、杏树和山楂树上。某些情况下，会看到它爪子紧收在一起，触角搭拉着，僵死的姿势保持一个小时以上。其他情况下，它总是当即就准备逃跑，看来是气候因素在起作用，但我不清楚气候究竟暗中发生了怎样的变化。遇上这类情况，我通常只能看到虫子僵滞不动一两分钟。

我们再说一遍：用来做实验的不同虫子，操装死姿态的时间长短不一，差别很大，其原因在于这是由一系列说不清的环境条件所决定的。我们要利用好合适的机会，这类机会出现的几率还是相当高的。我让烟黑吉丁接受了大头黑步甲所接受的各项试验，其结果如出一辙。知道前一批结果的人也就等于知道了这后一批结果，因此不必再细说一遍了。

节译自原著第 7 卷《装死》

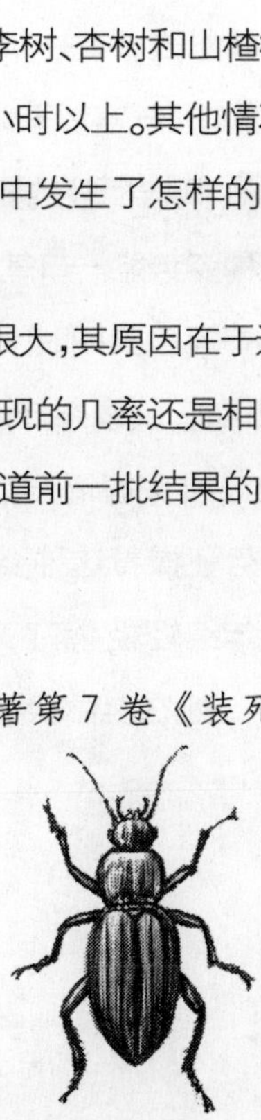

昆虫睡姿辨

L' EMPUSE

谈及椎头螳螂的变形之前，还有个情况应该说清楚。在金属网笼子里，椎头螳螂的幼虫停在一个地方后，姿势始终如一，毫不改变。它用四只后爪的爪尖钩住网子，后背朝下，纹丝不动，高高挂在笼顶，四个悬挂点承受着整个身体的重量。小家伙想移动时，张开那双劫持爪①前端的爪钩，并排伸举出去，钩住一个网眼，将身体向前牵引一下。超短距离散步随即结束，劫持爪折收回来，重新端在胸前。一言以蔽之，这动物的吊挂姿势，几乎始终是靠四条踩着高跷般的后腿来维持的。

倒挂栖驻的姿势如此艰难，可坚持的时间应该说不算短了。就拿我那些笼子里的情况来说吧，这种姿势能一口气坚持大约十个月而不中断。诚然，苍蝇抓挂在天花板上的姿势，确实与此相同。然而苍蝇总要抽时间松弛一下，随便飞一飞，操起正常姿势走一走，肚皮贴地、肢体舒展开晒晒太阳。况且，它从事杂技训练的季节是非常短暂的。

椎头螳螂一口气坚持十个月，完成的是别具一格的平衡动作。它不仅这样仰面挂在金属网上，而且还操着这种姿势捕猎，进食，消化，打盹儿，蜕皮，变形，交尾，直到最终死去。爬上去的时候，它还年纪轻轻；摔下来的时候，却已是天伦享尽，落得一具僵尸。

处在自由状况之下，事情并不完全和上面所说的一样。栖驻在灌木丛间，椎头螳螂是背朝天站着，用合乎常规的姿势保持平衡，隔很长时间才会出现一次倒挂姿势。长久地坚持倒挂，这只是我那群监禁犯们的反常表现，而不是椎头螳螂这个虫种的惯常行为。

笼中的情景，令人想起蝙蝠，它们用后爪抓住石壁，头朝下挂在岩洞顶上。鸟的足爪，构造独特，因而鸟类可以用一只爪子撑住身体睡觉，而且，那爪子能不知疲倦地自动抓紧晃动着的树枝。椎头螳螂的爪子，与鸟爪的机械构造完全不同。这虫类生着的是可以活动的爪尖，其外观并不奇特：每个足爪的前端有一对爪尖，每只爪尖上又生出一个小秤钩，就这么简单。

我盼望能借助解剖学的技术，观看到在跗节和细腿内部运动着的肌肉和神经，还有那操纵爪尖，使之在十个月里无论睡着或醒着，都能维持紧抠不放状态的筋腱。假如真有能满足我这个愿望的解剖刀，那末我想继而再请它帮助解决一个比椎头螳螂、蝙蝠和鸟类更怪的难题，那就是某些膜翅昆虫夜间休息的姿势问题。

八月末，我的篱笆围墙里，时常会有一只后腿赤红的泥蜂振翅悠荡，反复擦掠着熏衣草，在选择投宿的地点。傍晚，尤其是白天闷热、黄昏下起暴雨的傍晚，我敢肯定，熏衣草上准有泥蜂用身体支成的别致的躺椅。呵！这虫类夜里睡觉的姿势，可真够得上别出心裁了！它是张开大颚，把熏衣草杆大口咬在嘴里。这姿势形成的是一个直角结构，这样构形的支撑基础，要比弓形的来得牢固。靠着惟一仅有的支撑点，泥蜂的身体横支出去，直挺挺地悬在半空，足爪全部收在胸腹下面。虫体与托载体的中轴线，恰成直角；形同杠杆的身体，将全部重量直接作用在大颚这个支点上。

泥蜂睡觉，是凭借口器的力量，将身体横撑在空中。只有虫类才想得出这类主意，它们动摇了人类关于休息的观念。尽管你暴雨夹杂着闪电，任凭你狂风催动着草秆，摇摆不定的吊床对泥蜂却奈何不得，它照样安然入睡。最多它只花一瞬间的工夫，偶尔用后腿撑点一下摇晃的立杆；只要身体一恢复平衡，杠杆立即平举回最佳位置上来。大概和鸟的爪子有共通之处吧，泥蜂的大颚也具有那么一种功能：风动愈猛烈，抓握愈有力。

采用这种别致睡姿的，不仅仅有泥蜂。不少其他虫类也仿效它，譬如，黄斑蜂、蜾蠃蜂、长须蜂等，都是这个睡法，但这里所说的主要是它们的雄性。这些昆虫的睡姿，都是用大颚咬住一根草秆，身体横撑出去，肢爪收拢回来。其中个别虫子的身体肥大，所以要用腹部末端撑顶在立杆上，由此形成一种弓形睡姿。

我们察看若干种膜翅昆虫的投宿点之后，仍然无法解释清椎头螳螂的那个问题，那也是个很难解决的问题。椎头螳螂告诉我们：人类的辨别能力实在低下，他们解释不清在动物机器的齿轮系统中，哪些正处于工作状态，哪些正处于休息状态。泥蜂应用大颚静力学的悖论，椎头螳螂使用吊挂十月不松扣的秤钩，二者置生物学家于困惑境地，叫他说不出究竟哪种姿势真正是在休息。我以为事实上，除生命耗尽可称休息外，其他任何状态都无休息可言。因为，斗争并未停止，每时每刻都有某束肌肉在紧张，都有某根筋腱在抽动。睡眠似乎是回归到虚无静态了，可实际上它和清醒状态一样，依然是在用力。这当中，有的是足爪在用力，有的是卷起的尾巴在用力，也有的是爪尖在用力，还有的是颌骨在用力。

①指螳螂最前面的一对镰刀状的爪子。

节译自原著第5卷《椎头螳螂》

不同技艺的由来

LES RESINIERS

我想到更多的事。我煞费苦心地琢磨：某一特定虫种具备哪一门技艺，究竟由什么来决定？泥叶蜂用湿泥和嚼出的叶泥修建隔室；石泥蜂用水泥建筑居室；伯罗奔尼撒蜂制作胶泥瓶；切叶蜂用树叶的圆切片拼成小壶；黄斑蜂刮下绒絮制作小口袋；树脂蜂利用细石粒和树脂胶粘剂搅拌成水泥；木蜂在木头上钻孔打眼；采花蜂利用坡面地形挖地洞。为什么会有这些以及许许多多别的专业技能？这些技能怎么有的落在了一种昆虫身上，有的落在了另一种昆虫身上，而不是别的分配法？

我已经听到一种答案：技能如何配备，是由生物的结构决定的。譬如有的虫子觉得，自己的工具装备很适于采摘、刮集绒絮，而不适于裁叶、揉泥和搅拌树脂。自身可能支配的工具，已经决定自己会具备什么专业技能。

的确，这道理很简单，而且我不否认，这说法大家都接受得了。事理讲到这个程度，对于没有更深入了解问题的兴趣和工夫的人来说，已经足够了。某些新人耳目的看法流行起来，但并不那么能引人注意，还是能满足我们好奇心的简单说法更吸引人。是啊，有了这种说法，人们就不必再从事那些一上马就需花很长时间，而且有时还要付出艰苦努力的研究了。有了这种说法，人们便可以堂而皇之地宣称这叫“普通科学”。没有任何作法，能比得上用两句话就道明世界之谜，能这么快就收到家喻户晓、世人皆知的效果。思索的人可没有这么快，他规定自己要知道得少一些，以求认清一种事物；因此限定自己研究领域的范围，不怕收获得少，只要颗颗粒粒都质量高就行。在认同工具决定技能说之前，他要先看，要亲眼看。却不料，他所观察的东西，远远不能证实那言简意赅的格言。我们也来关注一下他所怀疑的事情，凑过去看个明白。

富兰克林留下一句用在这里十分中肯的名言。他说："一个出色的工人，应当会用锯子刨，用刨子锯。"如此看来，昆虫是比出色还出色的工人，想让它不照这位波士顿贤哲的话去做都不行。它的技艺博采众长，并堪称典范，能做到以锯子取代刨子，以刨子取代锯子；它以自己的灵巧，弥补工具的缺陷。我们刚才不是看到了吗？那些工具不同的手工艺者，根本没有往高处爬多少，就七手八脚地收获、加工起树脂来，操勺子的抠挖，操耙子的搂刮，操钳子的捏夹。由此可见，假如不是有某种才能的天赋在帮助昆虫坚持从事自己的专业，那末即使它拥有一种先天的工具，也只能弃绒絮而取叶片，弃叶片而取树脂，或者弃树脂而取泥灰。

一支看似漫不经心，实则深思熟虑的笔，抓住了上面这些情况，记录下来。这样几行文字，会立即被当作奇谈怪论声讨一番。随人家怎么去说吧，我们向反对派们提出如下建议：大家找一位声望甚高的昆虫学家来看看吧，比如一位拉特莱伊这样的昆虫学家。拉特莱伊①潜心研究一切细节构造，但对习俗问题一窍不通。他和不少人一样，很了解死虫子，但却从来没有过问活虫子。他充其量是一位极不一般的分类专家。我们就请他首先察看这只第一个飞来的蜂子，并根据它的工具来谈谈它有什么专门技艺。

说良心话，我们可以看，他能谈得出来吗？又有谁敢让他真来接受这番考验呢？我们的亲身经验不是已经使人深信，仅凭观察是无法看出虫子有何专门技艺的吗？后爪粉筐和腹侧粉刷，这些能明确告诉我们这虫类采花蜜、花粉；然而它的专门技艺是什么，绝对仍是个秘密，哪怕你用放大镜把虫子观察个够。如果判断我们人类的技艺，那末，拿刨子的是细木工，拿抹子的是泥瓦工，拿剪刀的是裁衣工，拿针的是缝纫工。动物的技艺是不是也这样判断呢？那末好，就请您这么告诉我们吧，说抹子肯定是做泥活儿昆虫的标志，半圆凿子是做木匠活儿昆虫的明显特征，小剪刀不折不扣是做裁切活儿昆虫的证明。再请您指教我们说："这一位裁树叶，那一位钻木头，第三位搅和水泥。"除此之外还有呐，请您继续依据工具确定一下技艺吧。

您确定不了，谁也确定不了。只要不采取直接观察的方法，劳动者的专业技术就是个看不透的谜，就连最有经验的人都无能为力。这不已经充分说明，昆虫技艺五花八门，其原因并不在于带着的是什么工具吗？勿庸置疑，这些技术专家必须各有各的工具；但它们的工具却干什么都行，几乎就是富兰克林所标榜的工人的那种工具。用来收获绒絮的带齿大颚，也切树叶、搅树脂、揉湿泥、锉木头、和灰浆；加工绒絮和树叶小圆切片的跗节，同样精通加工小泥隔室、小黏土塔和砂砾马赛克。

昆虫的技艺千变万化，其理由究竟何在？从事实中我看清了，理由只有一个，即：意识驾驭物质。一种本源的灵感，一种先于形式而存在的才智，在左右着工具，而不是附属于工具。工具不决定技艺的门类，工具如何不决定工人如何。最早的时候有了一个目的，一种意图，虫了为实现它而采取下意识的行动。是我们有了可能看见东西的眼睛，还是我们有眼睛，所以看见了东西？是功能造就了器官，还是器官造就了功能？两组答案必选其一的双向问题由昆虫选择，它均选择前者。它对我们说："我的技艺不是我所拥有的工具教给我的；我是根据工具与我所具备的才能之间如何相通来利用工具。"它以独特的方式告诉我们："功能决定器官，视觉使眼睛成其为眼睛。"它是在向我们重申维吉尔的深刻思想：智可动重物。

①拉特莱伊(Latreille，1762–1833)：法国自然学家，昆虫学创始人之一。

节译自原著第 4 卷《采树脂的虫类》

童年忆事

SOUVENIRS D'ENFANCE

儿童快乐之时，他几乎与虫类不分彼此；开满花的山楂树当虫子的床，一只扎了孔的纸盒架在床上，里面养上鳃角金龟和金匠花金龟，他心里便得到那么大的满足。儿童一心惦记鸟的时候，他几乎与鸟类别无二致；他非要亲眼看见鸟巢、鸟蛋和大张着小黄嘴的鸟娃娃不可，说什么也得看。从老早开始，蘑菇就把我吸引住了，它们有那么多种颜色。第一次穿上背带裤，开始坠入习文识字那读天书般的十里烟云时，我这天真的男童仿佛觉得，自己就像第一次找到鸟巢、第一次采到蘑菇时那么着迷。听我讲讲这类至关紧要的事件吧。人上了年纪，就爱倒嚼往事。

好奇心重新出现，让我们从无意识的模糊状态中脱离出来，这是一个非常幸运的时刻。此时此刻，你们正回忆起遥远的过去年代，这更叫我不禁想起自己那些最美好的岁月。一窝小山鹑晒着太阳睡午觉，忽然走过一位行人，惊得它们四下散开。一团团可爱的小羽绒球夺路而走，全都消失在荆棘丛中。不过局面很快恢复了平静，刚听到一声呼唤，大家就全部回到母亲的羽翼之下。

我回忆童年时的情形与此相仿。往事也好比是一种雏鸟，它们已被生活的荆棘挂掉羽毛；但是一经提示，它们就回到了我的记忆当中。有一类往事，虽然逃脱了荆棘丛，但已经疼得直摇脑袋；另一类往事没有再回来，它们已经在市场商贩的摊位上断了气；还有一类则依然保持着清晰的形象。

然而，在这些从时间利爪下逃生的往事中，最富生气的是那些发生最早的事情。儿童记忆的那层软蜡膜，在这些事情那里已经转化成了难以损毁的青铜壳。

那一天，我很阔气，不仅有了一个解馋的苹果，而且有了自由活动的时间。于是我打算到邻近一座小山的山顶上去看看，当时对于我来说，那儿就是世界边缘了。山顶上有一排树，它们背对着风，弯着腰不停摇晃，似乎想拔脚逃走。在家里通过窗户望去，不知多少次我看见它们在暴风雨中频频点头致意；不知多少次，我瞪着它们在北风扫帚沿山坡卷扫积雪时形成的滚滚白烟中，绝望地痛苦挣扎！那些饱经沧桑的树，它们现在正在做什么？

我对它们能逆来顺受很感兴趣，今天在一片蔚蓝晴空之下它们安详自在，明天当乌云掠过时它们摇摆不停。它们平静时我感到舒服，它们惊恐万状时我感到难受。它们就是朋友。它们每时每刻都能出现在我的眼前。早晨，太阳从它们身后那明亮的天幕上冒出来，光芒万丈地升起。太阳到底是从哪儿出来的？到上面看看去，也许我会弄个究竟出来。

我顺着山坡往上爬。坡面是并不茂盛的草地，已经被羊群啃得差不多了。看不见一簇荆棘，很不错，要不然衣服会挂得尽是口子，回家后还得拿我问罪；没有岩石块，也很不错，否则说不定会出什么事故。只有一些扁平的大石片，稀稀拉拉地分散在山坡上。你尽管照直走，路面情况完全一样。可这里的草地像屋顶一样，有一定的倾斜度。只觉得坡面好长好长，我的双腿却太短了。我几步一抬头，不断向山顶张望。我的朋友们，也就是山顶上的树，总是觉不出和我越来越近。加把劲儿，小家伙！一直往上爬。

咦，那是什么，就出现在我的脚旁？原来是一只美丽的鸟，刚刚从藏身的

大石片遮雨檐下飞走了。上天恩宠，石下洞中有一个用绒絮和细稻草做的鸟窝。这是我遇上的第一个鸟窝，是鸟类带给我的第一次快乐。窝里有六只小蛋，互相挤在一起，看着那么可爱。鸟蛋颜色特别蓝，如同在晴天的蓝颜色中浸染过一般。我被这等美事惊得难以名状，顺势趴倒在地，目不转睛地看着鸟窝。

就在这时候，鸟妈妈发着咯咯咯的轻细喉音，焦急地扑楞着翅膀，从一块石头飞到另一块石头上，始终不离窝前冒失鬼的左右。我当时处在一个不知天下有怜悯之事的年龄，混蛋劲儿十足，尚不懂得作母亲的忧心。一个计划在我心中盘算，那是一种透着小猎食动物心理的计划。过十五天我再来，在雏鸟离巢前把它们取走。这段等待时间里，我先拿走一只小蓝蛋，就拿一只，这样可以骄傲地证明我发现了一窝鸟蛋。我生怕把小蛋挤碎，手心里抓上一些苔藓，把小蛋包在苔藓窝儿里。啊，管他呢，就让童年时代根本没有过第一次发现鸟窝这种狂喜的人来谴责我吧。

我轻轻握着揪心的小东西，生怕稍有闪失会把它弄坏。干脆就此停步，山不再往上爬了。等以后找一天，我再登上山顶，去看那些能升出太阳来的树木。我顺着山坡往下走。走到山下时，遇见了副本堂神甫先生，正一边读着他的经本，一边悠闲散步。他以为我拿着什么圣物，走路时步子迈得那么重。我把那只手背到身后，不料他居然发现我手里有东西。

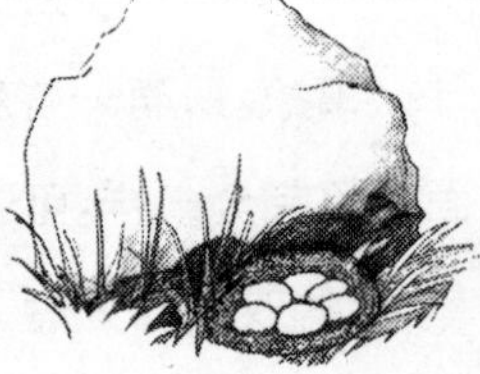

“你那是什么，孩子？”教士问。

我一时不知所措，张开那只手，让他看了卧在苔藓床中的小蓝蛋。

“啊！一个萨克西高勒蛋。”副本堂神甫这样说着，“你是从哪儿弄来的？”

“山上，石头底下。”

提问步步深入，我的小过失彻底坦白出来：我没想找什么，忽然一个鸟窝让我看见了；鸟窝里有六个蛋；我从里面拿了一个，喏，就是这个；我想这样等那五只小鸟出壳；等雏鸟翅膀上长出粗羽毛秆的时候，我再去，把它们都端回来。

“我的小朋友，”教士开了腔，“你可不能这么做。你不能把一窝小鸟从它们母亲身边夺走。你要尊重一个无辜的家庭。你应该让仁慈上帝的那些鸟长大，让它们从窝里飞走。它们是田野的快乐，它们能清除地里的害虫。如果你想做个乖孩子，就别再去碰那个鸟窝。”

我做了保证，表示一定按他说的去做。于是，教士继续散他的步。当我回到家里，自己这儿童心智的生荒地里，已经着着实实播进了两粒种子。一粒是一席权威的话，它刚才教我懂得了损害鸟窝是一种不良行为。但我还是不明白，鸟类怎么会来帮助我们灭杀害虫，灭杀那些破坏收成的祸害。不过，我内心深处确实已经感到，惊吓母鸟是不好的。

另一粒种子是那个“萨克西高勒”，教士看到我拾来的鸟蛋时说了这个词。噢！我心里想，原来动物和我们人一样，也有名字。是谁给它们起的名字？我在草地和树林里见过各种各样的动物，它们又都叫什么呢？“萨克西高勒”这个词是什么意思？

时间一年一年过去，学了拉丁语后，才知道发“萨克西高勒”音的那个词，指的是居住在岩石间的人。真是这么回事，当年我看见的那只鸟，在我出神地盯着它那窝蛋时，确实是从一处岩石尖上飞到另一片岩石尖上；而且安的家，也就是它的鸟窝，也正是安置在一块大岩石片做的屋顶之下。从书中，我又无意中进一步获得一个知识，知道了这种与多石丘岗为友的鸟还有另一个名字，叫“土坷垃鸟”，因为它在耕过的地里，总是踩着一块一块的土坷垃飞蹿，巡视那翻出了

许多虫子的道道田垅。到后来，我又知道了普罗旺斯人给它起的一个名字，“白屁股鸟”。这个叫法也很富于想象力，让人一听就能想到，见一只昆虫在翻过的田土上突然一蹦做个空中杂技动作时，它尾根上的一撮白毛便向两边展开，样子像只白蝴蝶。

就这样，一整套的名称词汇出现了。到了一定的时候，我已经可以用尊姓大名，向田野大舞台上成百上千的演员们，向田边小道旁成百上千冲我们张开笑脸的小花们，热情致意了。副本堂神甫未加丝毫强调就脱口而出的那个名词，为我揭示出了一个世界，那就是一个由拥有学名的花草虫鸟们构成的世界。费心梳理这浩若烟海词汇的事，留待来日吧。今天，我们只重温与“萨克西高勒”相关的往事。

我们村子朝西的一面地势倾斜，斜坡上分布着李树和苹果树的小果园，树上的果子正在成熟。小果园一座挨着一座，那景观犹如果园泻成的瀑布。一片片的土地层层排接下去，每片土地都靠一圈矮墙拢住，墙上尽是斑斑点点的地衣和苔藓。坡地脚下，有一条溪流。溪水不宽，几乎从哪儿都能一步就蹦跨过去。在一些溪水开阔的浅滩处，半露着大块的平石，可以供人们踩跳着过河。令母亲在孩子不见时提心吊胆的那种深水，这小河里是没有的，最深处才到膝盖。亲爱的小溪，我见过不只一条浩淼的江河，也见过无边无际的大海，但惟有你是这样清新，这样明澈，这样安详。在我的记忆中，没有什么能比得上你那处根本不算壮观的细水小瀑布。你之所以能够令人难忘，就因为你是最早印在人心上的神圣诗篇。

一位磨坊主打了小溪的主意，要让这穿越草地欢快轻流的细水做些有益的工作。山丘半腰处开出一道渠，渠沟就着缓坡的斜度，将一部分溪水分流出来，引入一个蓄水池。蓄水池便成了推动磨坊转轮的动力源。水池边上是一条行人经常走过的小路，水池下方筑起一道拦水墙。

一天，我骑到一位小伙伴的肩上，蹭过满脸是蕨类植物的脏墙，从墙头向里张望。墙里是一眼见不到底的死水，浮满了绿色的黏毛。这块黏乎乎的地毯露着些空洞，空洞处正懒洋洋地游动着一种表皮是黑黄花颜色的短粗蜥蜴。若是今天，我会叫它蝶螈；可那时候，我觉得它是眼镜蛇和龙的儿子，就是夜里睡不着觉时大人给我们讲的那些可怕故事里的怪物。我的天哪！我可不想再看了，快点儿下来吧。

从那里再往下，水继续流成小溪，溪水又岔出几条支流。每个岔口处都长着桤木和梣木，它们歪着上身，枝叶互相交织，形成一处处绿荫凉篷。凉篷的下面，是七扭八歪的粗树根建造的门厅。门厅往里是长长的幽暗洞廊，恰似妙想天成的水上隐蔽所。这些隐蔽所，门前摇曳着少许阳光，光线所照之处，形成一个个圆圆的亮点，那是因为阳光穿过了一道枝叶编织的筛子。

洞廊水中，停留着红脖鲹鱼。咱们轻着点儿走。咱们趴在地上观察。啊，这些小鱼多美呀，脖子是鲜红鲜红的！小鱼一条挨着一条，挤成一群，头都朝着逆水方面。它们的腮一鼓一瘪，一刻不停地吐着大口大口的漱口水。它们只轻轻抖着尾巴和背鳍，就能在流水中原地不动。树上落下一片树叶。嘿！队形一下散开，小鱼们顿时无影无踪。

离溪水远一点儿的地方，长着一小片山毛榉，棵棵树干光溜溜、直挺挺，活像一片塔林。壮观的树冠枝叶间，几只短喙乌鸦一边叽哩呱啦地议论着什么，一边从翅膀上拔掉几根已经被新羽替换下来的旧羽毛。地上铺满了青苔。刚在这软绵绵的地毯上走出几步，就看见了一个蘑菇，它还没有完全长开，看上去就像哪只到处流浪的母鸡丢下的一个蛋。这是我平生第一回采到蘑菇。我破天荒头一回，把一个蘑菇捏在手指间，翻过来掉过去地观察，了解一下它的构造是什么样的。我此时产生了极大的好奇心，而这好奇心，则正是使人萌生观察欲望的一种启蒙。

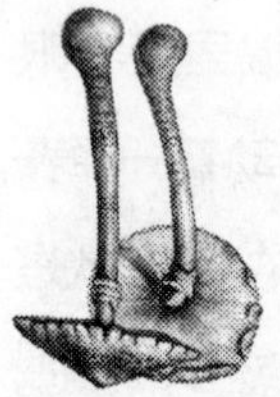

不一会儿，又发现一些蘑菇，大小不一，形状不同，颜色各异。在我这样一个初学者的眼里，这已够得上眼界大开了。那些蘑菇，有的被造成了钟形、熄烛罩形或平底杯形，有的被拉成了梭子形，抠成了漏斗形，塑成了半球形。我遇上了这样的蘑菇，折断后会淌出一种奶汁状的液体；也遇上了这样的蘑菇，捏碎后只消片刻，就变成蓝色的了；还遇上了这样的蘑菇，个头长得特别大，但却已经开始溃烂，腐败处蹿动着蛆虫。

另有一种形状像梨的蘑菇，质地干燥，顶端敞着个小圆口。当我用手指轻轻弹敲它们的鼓肚部分，它们就像小烟囱一样，从圆口里冒出股股烟雾。这情景特别令我感到新奇。我采了许多，装满了一个衣服口袋，有空儿就取出一个冒冒烟玩，一直把里面的烟尘状东西弹敲干净，最后只剩得火绒样的一个小绒球。

这片其乐无穷的小树林，不知给我带来多少轻松和快乐！自从头一回发现了蘑菇，我后来又到小树林去了好多次。在乌鸦们的陪伴下，我在那片林子里完成了从实际中认识蘑菇的学业。不知不觉，我已采集了许多蘑菇；然而，我的收获却不为家人所接受。我们那儿管蘑菇叫"布道雷耳"，得了这么个名字的蘑菇，在家人那里名声不好，他们说它会让人中毒。我实在弄不明白，看上去那么让人喜欢的布道雷耳，怎么会如此险恶。后来，父母给我讲了自己的亲身经验，我才明白了怎么回事。然而即便如此，也丝毫没有妨碍我与这有毒之物保持忘乎一切的亲密关系。

由于我不断光顾山毛榉林，最后总结出自己发现的所有蘑菇分为三个类型。第一类包括的品种最多，这类蘑菇底部都有放射状的页瓣。第二类的，朝下一面生着一层厚垫，垫上有一些肉眼刚刚能看到的细筛眼儿。第三类的表面上分布着许多小尖头儿，样子就像猫舌头上的细小鼓突。我需要一种能帮助记忆的规律性认识，结果便发明了一种分类的方法。

又过了很长时间，无意中有几本小册子落到我手里，这时我才知道，我的三种分类，早有人掌握了，别人甚至还用了拉丁文名称。尽管我不认识拉丁文，但远远没有因此而扫兴。这些给我提供第一批法文、拉丁文互译练习机会的拉丁文命名，使蘑菇变得高贵起来；那种副本堂神甫先生诵说弥撒经文时惯用的古代人说话方式，使蘑菇变得光荣起来；如此这般，蘑菇在我心目中的形象高大起来。为了能使这么高明的称号显示出价值，应该设法让它们具有实实在在的意义。

就在这些书本里，也提到了那种会冒烟的令我非常开心的蘑菇。那种蘑菇名叫"狼放屁"。我觉得这名字难听，没教养似的。紧接着，书里又提到它的一个较为体面的拉丁文命名，叫作"丽高拜东。"谁知这拉丁名看起来是体面些，却不料徒有其表，因为后来有那么一天，我根据拉丁词根构词法才弄清楚，原来"丽高拜东"这个词的意思恰恰就指的是狼放屁。植物史领域具备极为丰富的名词术语，它们并不都适合用法语译明意思。古代人遗赠给我们的东西，不如我们今天留下的东西那么严谨规范，他们的植物学，有许多地方保留着有悖于文明道德的直言无讳式粗鲁风格。

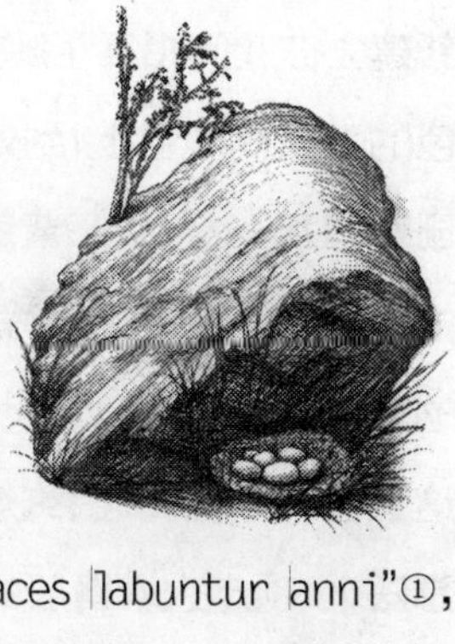

曾几何时，我怀着不为大人所同情的儿童好奇心，独自闯入认识蘑菇的天地；可那尽享稚福的年代，一转眼已经离得如此遥远！"Eheu！fugaces labuntur anni"①，贺拉斯是这样感慨的。唔！的确如此，年复一年，光阴似箭，流逝得飞一样快；如今更是如此，眼看它们就要枯竭了。岁月曾经是快乐的小溪，不慌不忙地穿行在柔柳轻条之间，顺着觉不出倾斜的坡面悠然漫步；如今它们已是湍急的激流，无情地冲着一堆老骨头老筋，势不可挡地泻向深渊。光阴稍纵即逝，让我们好好利用它吧。

暮色降临，樵夫赶紧把最后几束柴捆拢起来。和樵夫一样，我这位身在学问森林中的砍柴人，当生命暮色降临的时候，曾想到过把自己的大柴捆整理一番。我对各类昆虫本能的研究还有哪些没有做?粗粗想来，所剩无几；最多还开着几个窗口，窗前那片世界尚未予以足够充分的注意，仍有待探索。

各种各样的蘑菇，从我还是孩童的时代开始，就使我享受到了植物学带来的快乐。然而它们不会有什么好下场。我曾不断到林中去探望它们，即使是今天也依然如此。每逢秋季，只要下午天气怡人，我一定要拖着僵直沉重的步履去拜访它们，什么也不为，就是想和它们重新建立彼此间相互了解的关系。我总是想多看一眼那迷人的景色，一大片玫瑰红色的欧石楠地毯上，到处点缀着牛肝菌那硕大的脑袋，伞菌那生动的柱头，还有珊瑚菌那一丛丛、一簇簇绛紫通红的倩影。

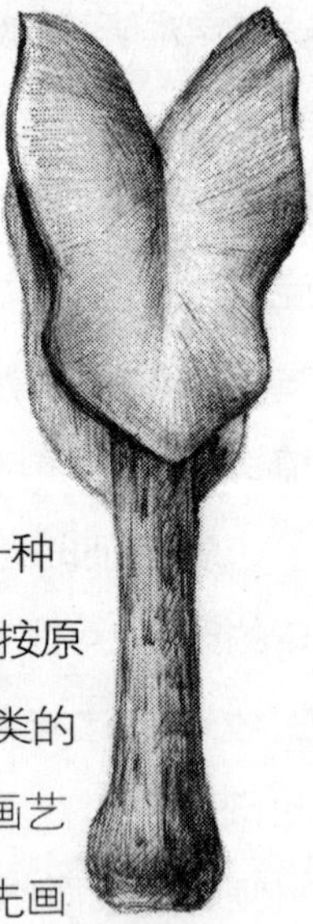

塞里尼昂是我生命的最后一站了。这里的蘑菇毫无保留地向我展示了它们的迷人姿色。附近那些长着成片矮栎树、野草莓树和迷迭香的小山上，居然生着这么多种千姿百态、绚烂多彩的蘑菇。最近几年，这样一笔财富忽然叫我萌发了一种想法，一项走火入魔般的计划。我强烈感到应该采用画模拟像的方法，将我不可能按原样保存在标本集里的东西收集在一起。于是，我开始作画了。周围见得到的所有种类的蘑菇，不管它有多大，也不管它才多小，我都按其自然状态的尺寸绘制下来。水彩画艺术与我不曾有缘。然而这没什么，未曾实践过的事，我就发明创造出来吧。我可以先画得不很好，而后稍微强些，最后就能画好。我想，对于每日一个字一个字写作散文的苦熬生活来说，画笔肯定有散心解闷之妙。

事至如今，我已经成了拥有几百幅蘑菇图的人。住宅周围一带的各种蘑菇，都依原样大小和原色，画在了这些纸上。我这一大本蘑菇图集，是颇有些价值的。如果说它在艺术表现上不够纯熟，可起码是具备准确性的。画集的事传了出去，一到星期日，就有人前来观赏。来者都是乡下的普通人，他们天真地望着一幅幅画，为人手能在既无模子又无圆规的情况下画出这样绝妙的画，感到格外惊讶。他们当即认出了画上的是什么蘑菇，然后告诉我老百姓管它叫什么。这说明，我的画笔还是忠实于观察对象的。

这一厚摞水彩画，是付出那么多劳动才换来的成果，它们将来会变成什么呢?可以想见，最初一段时间，家人将虔诚地保存我这份遗物。然而它们总要成为累赘，从一个壁橱换到另一个壁橱，从一个阁楼塞进另一个阁楼，耗子不断光顾，纸页污迹斑斑，迟早有一天会落到某位远房小孙子手里，被撕成正方形，用来折了纸鸡纸鸟。这是必然的事。我们怀着自己的心愿而特别珍爱过的东西，到头来会凄惨地毁在现实的利爪之下。

①拉丁文，大意是：呜呼！往日年华疾流而逝。

译自原著第10卷《童年忆事》

肉体食粮与精神食粮

LES TRIBULATIONS DE LA MAÇONNE

这华丽的膜翅昆虫，插着一副深紫色的翅膀，穿着一身黑天鹅绒的套装；粗糙的住宅，建筑在四下长着百里香的向阳卵石上，透着指南针和直角器般严谨、刻板的风格；宅子里的蜂蜜，又

在这严谨与刻板之外，平添了几分温馨的情调。这当时看到的一切，回想起来，依然历历在目。记得看到这蜜蜂时，我一心想了解比学生介绍的还多的情况，①于是操起一根草棍，把一个个小隔室翻了个底朝天。恰好那段时间，我们镇上的书店里正出售一本有关昆虫的绝好著作，书名是《节肢动物自然史》，作者是德·卡斯泰尔诺、埃·布朗沙尔和鲁卡斯。书中有那么多的昆虫插图，令人目不暇接。只是太遗憾了，书价真吓人！好高的价码呀！然而又一想，其实无所谓：我那每年七百法郎的高收入，总不能同时解决一切需求，不能既要肉体食粮，又要精神食粮。为一种食粮多支付一笔，就得从另一种食粮的款项中扣除一笔；不论何人，只要你是把科学本身当作日常生活需要，那末你就注定得服从这种平衡法则。书，总算买了下来。可那一天，自己大学毕业级别的薪水，却被足足敲诈了一笔：我为一本书而奉献出一个月的工资。一次打破精打细算纪录的奇迹，想必能够在日后弥补某种巨大亏空。

这本书被我吞吃了。我是说书中的文字内容。从书上，我知道了那种黑蜜蜂的名字；我平生第一次读到对昆虫习俗的详细描写；我看到字里行间闪现出雷奥慕尔、于贝和雷翁·杜福尔家族的姓氏②，这些令我肃然起敬的人名，仿佛都罩着金灿灿的光环；当我第一百遍翻阅这部著作时，觉得从心底传出一句喃喃的心语："你也能行，你一定会成为虫子的历史学家。"可接下去，耳边仿佛又响起另一个声音："一派天真幻想，您也太狂妄了！"啊，还是撇开这甜蜜与苦涩掺半的回忆吧，以便我们把注意集中到黑蜜蜂的行为活动上来。

节译自原著第3卷《垒筑蜂》

①作者当时是小学常识课教师。学生们上户外课时发现这种垒筑蜂，引起他前去观察的兴致。
②这些人都是昆虫学家。

我那几只猫的故事

HISTOIRE DE MES CHATS

如果说周旋转圈没有产生任何干扰虫类方向感的效应，那末，若认定其影响肯定是有的，它是否能在猫身上起作用呢？有一种方法，是把动物装在口袋里，一路颠簸着走出好远，以此阻碍它返回故地。这方法值得一信吗？最初，我相信，因为这种方法是出自著名学者头脑的妙招儿，是非常可信的好主意。现在，我的信心动摇了，虫类的事实让我对猫产生了怀疑。既然虫子在转圈走动后仍能回到原地，猫何尝不能呢？这不，我现在已经着手做新的研究了。

首先一个问题，猫究竟在多大程度上可以做到与它的名声相符？人们说它怎么都能回到自己喜爱的住宅，回到做爱情游戏的地方，回到自己的屋顶和阁楼。人们讲述着有关其本能的极其新奇的事实，各类儿童自然史图书中，充斥着极尽赞誉之能事的功劳谱，盛赞猫的诸般朝觐者才智。我对这类传说的事，不太重视，这类说法是从那些即兴观察者的嘴里传出来的，没有经过分析判断，而且往往是被夸张了的。人们并不强求第一位目睹这种动物的人，一定能讲述出它的全部真实情况。某位非专业人士和我说起猫时，认为“猫是黑色的”。这时候，我先想到要搞清楚一个问题，即是不是偶尔也有不是黑色的猫。结果，一次又一次，事实说明情况恰恰与他的说法截然相反。有人向我大讲特讲猫的本事，说它是旅行专家。那末好了，我们就视之为旅行外行吧。如果我只靠书本作证明，只听信那些不具备科学验证的严谨作风的人，问题随便一想也就过去了。好在我知道一些事实，完全不受我的怀疑主义左右的事实。猫确实不愧为识途察道的朝觐者。我们就讲讲这几件事实吧。

那是在阿维尼翁住的时候，有一天，花园墙头上出现一只凄惨的猫，一身杂乱的毛，双肋塌陷进去，干瘦的脊梁上露着一串骨节。它饿得"喵喵"直叫。我的几个孩子，那时候他们还很小，都非常怜悯受了这份罪的猫。他们用芦苇秆挑起蘸上牛奶的面包，递到猫跟前。它接受了这份馈赠。它一口紧接一口地吞着，结果呢，肚子一饱它就走了。不管同情它的几位朋友怎么叫着"猫咪"，它也不予理睬。肚子又饿了，饿鬼又出现在墙头饭堂。蘸上牛奶的面包又递过去，甜蜜温柔的话又说起来，它没有躲避的表示。它从墙头下来了。大家可以触摸它的背了。上帝呀！它这么瘦！

这成了一天里的大话题。大家在吃饭时谈论着：也许可以驯养这流浪者，留住它，给它用干草做个睡垫。这样的事太好了！我要再看看，我将一直等着看看几位一心解救它的人，究竟在此猫的命运问题上会提供什么启示。孩子们做了许多工作，才把野性的动物留下了。日子不长，它长成了一副威风的雄猫模样。脑袋又大又圆，四腿肌肉发达，一身带深色斑点的橙黄色毛，样子活像只小美洲豹。由于它是黄色的，大家给它起了个名字叫"黄黄"。后来，一位雌性伙伴到了它身边，其来历和它当时的情况差不多。这就是我拥有一系列"黄黄"的缘由。我保留了这些猫，算起来已经有二十年了，其间我是不断搬家迁居过来的。

第一次搬家是一八七〇年。搬家前不久，有位教育界人士心中忘不了的部长，即杰出的维克多·杜吕伊先生，制定了为公共女子大学开设一套课程的方案。这件大事，在当时，尽一切努力之后便开始实施了。若在今天，人们会不知所措的。我十分乐意以自己绵薄之力，参与这光明的事业。我受任负责教授物理和自然两门学科的课。我信心十足，任劳任怨。我面对坐着认真听讲、积极思索的听课人，这么认真、积极的场面对我来说实属罕见。上课的日子，我心情非常愉快；采集植物标本的日子，我更是兴高采烈。隔壁暖房里，采回的财富已经把桌子堆得看不见影了。

事情做得过分了。现在来看看，实际上我犯的罪有多么深重：我教这些年轻人什么是空气和水，闪电、雷鸣和雷击是怎么形成的；通过怎样的技术，一根金属线便可以让思想穿越大陆和海洋；炉灶为什么燃烧，我们为什么呼吸；一粒种子如何发芽，一朵花如何开放。所有这些，用某些人的眼光来看，都是可憎可恶之极的事。他们的眼睛一对着太阳，那松弛的眼皮就得眨动。

必须尽快熄灭那盏小小的灯，必须摆脱那个力图让小灯继续亮下去的讨厌鬼。有人与我的房东，两位老姑娘，暗中策划着一次袭击行为。她们从这些教育领域的新生事物中，看到的是亵渎圣地的可憎行为。我没有和她们订立可以保护我的租房契约。法院执行官出面了，送来印花公文纸的文书。他那篇辞令对我说的是：我四周之内必须搬走，否则将依法把我的全部家当扫地出门。我必须赶快租到一处住房。通过一个偶然机会，第一处住房找到了，我要搬到奥朗日去。就这样，从阿维尼翁逃亡出去的行动实现了。

那几只猫搬家的事，费了我们不少精力。我们决定把它们全都带上，但这样做，说不定会招致一场罪过：到了新家，这些经常受娇宠的小可怜们，也许就等于被带进了苦难生涯，很可能要一再遭受厄运的蹂躏。未成年的猫和小猫崽，在旅途中肯定没什么麻烦，可以放在篮筐里，一路都会很平静。但老公猫上路，困难不小。我有两只公猫：一只是这几代猫的首领，是族长；另一只是它的后代，长得和它一样强壮。二者之中，我们将把爷爷猫带上，当然，它自己要乐意跟我们走；它的那位孙子，年轻公猫，我们准备留在当地，给它找个人家就是了。

我有位朋友，劳利尔博士，他收留了年轻公猫。天黑下来，我们把公猫放在盖严的筐子里，送到博士先生家。我们在桌旁坐下来准备吃晚饭，大家都说我们的公猫这下可不用再过苦日子了。凳子还没坐热乎，只见从窗户蹦进一团淌着水滴的东西。这团难看的东西走到桌下，不断蹭挠着我们的腿，同时还发出一种内心感到幸福的呼噜声。

它是只猫。第二天，我得知了它的故事。

把它带到劳利尔先生家后，先生的家人又把它关在一个房间里。它知道自己被囚在一个陌生的房间里后，马上在家具上、窗玻璃上、壁炉烟道的装饰物上狂奔狂跳，发出要打碎一切的威胁。劳利尔太太被发狂的小动物吓坏了，赶快打开窗户，公猫立刻跳到街上，消失在行人群里。几分钟后，它已经找到了自己的家。这一路并不容易：要在城市中的很大一片区域里穿行，要通过好长一串满是人群的街道迷宫，要面临千难万险，其中首先是那些淘气的孩子，再有就是那些狗；最后还必须跨越可以说是更严峻的障碍，那就是一条流动的水，即穿越阿维尼翁市的索尔格河。索尔格河上有桥，而且还不少，但猫为了走最短距离的路线，所以没有过桥，而是跳进河里游过来的。关于这一点，它浑身淌水的皮毛就是明证。我真心疼这公猫，它对自己的住处如此忠心。由此得出的结论是，要尽一切可能让它和我们一起走。但这桩啰嗦事全免了：时隔没几天，我们在花园里的一丛灌木下发现它时，它已经成了一具僵尸。勇敢无畏的小兽，终于成了凶险厄运的牺牲品。有人把我的猫毒死了。谁干的？大概不会是我的朋友。

剩下的只有那只老公猫了。我们出发时老猫不在，它当时正在附近人家的顶楼上干冒险的事。我肯出十法郎赏钱给一位车老板，条件是他日后哪次出车拉货时，把我的老猫捎上，带到奥朗日。果然，那年他出最后一趟车的时候，把老猫装进了大车的工具箱里。当打开车老板流动监牢那头天晚上就关死了的板门时，我简直认不出自己的老公猫了。箱中爬出一只令人生畏的动物，浑身的毛支楞着，眼睛充满血色，嘴上挂满白沫，爪子不停抓挠，好不痛苦。我以为它染上了狂犬病，便站在它旁边细心守候了一段时间。我搞错了：这是动物感到环境陌生时的一种不自在的惊慌表现。它是不是在被车老板抓住时，和他发生了严重事端?是不是旅途上太受罪了?这当中的故事没人说。我很清楚，这只猫的性情比以前坏了：没有了友好的呼噜声，也不再蹭我的腿，目光显得那么凶狠，神情显得那么忧郁。不管怎么善待它，都感化不了它。它带着一副惨相，几个星期里都只躲在角落里。这之后的一个早上，我发现它死在了炉灰里。杀害它的是忧愁，帮凶则是衰老。假如它还有气力，是不是已经又回阿维尼翁了呢?我不敢肯定。但我起码觉得有一点是值得一提的：一只动物会由于怀旧而死，因为年龄造成的种种缺陷阻止它重返故里。

老族长想办而办不成的事，另一位家族成员将会去办。当然应该承认，后来者的旅途将比老族长的近多了。为了最终能有一处利于我工作的安静环境，我决定再搬一次家。我希望这是最后一次了。我离开了奥朗日，搬到塞里尼昂。

“黄黄”家族，成员已经更新：旧的都不在了，新的又加入进来，这当中有一只成年公猫，各方面都继承了祖先们的特征。这次再搬家，惟独它将制造麻烦。其余的年轻猫和小猫崽，一路都会很平静。我们把其他的猫装进筐里。只有公猫被单独装进一个筐子，否则就要破坏整个旅途的安宁。我带领

全家，开始这次坐大车的旅行。直到目的地，没发生任何意外。小猫们从筐里取出来后，便开始参观新家，一间屋子一间屋子地实地勘察着。它们用自己的小鼻子闻出来，眼前的是自己家的家具，那些是它们的椅子，是它们的桌子，是它们的沙发，只是地方都不是原来的了。它们小声地喵喵叫着，叫声中透着惊异之情；它们左顾右盼着，目光中流露出疑问之心。抚摸几下，喂几口猫食，它们余悸尽消。从那天到第二天，小猫们就适应了新环境。

到了公猫那里，事情就不一样了。我们让它住在阁楼上，那地方它玩耍起来比较宽敞；我们把它的母猫也放进去，淡化它被幽禁的苦闷感；我们给它摆上了两个舔食用的盘子；隔上一段时间，我们让它和自己家庭的几个成员接触一下，以求提示它这个家里并不只有它自己；我们百倍精心照顾着它，一心希望它忘却奥朗日。到头来，它好像确实不想奥朗日了：用手捋它的毛时，它很温顺；一叫它，它就跑过来；它发着呼噜声；它显得一切正常。真不错，只消一个星期的禁闭和温柔照料，重返故里的念头便烟消云散了。我们给它自由吧。它从顶楼上下来，先进了厨房，又像其他同胞那样停在饭桌周围，而后出门去了花园，在阿格拉埃一刻也不放松的监视下参观了周围的景致，那神情非常自然。最后，它又回来了。胜利啦！猫不会再走了。

第二天，大家唤着“猫咪，猫咪”，可猫咪看不见了。大家到处找，不停地叫它，仍无踪影。“啊，伪君子，伪君子！看它把咱们骗了！它走了，现在准是在奥朗日了。”我周围的人，没一个敢相信它会做出这么胆大妄为的朝圣举动。我表示了肯定态度：那开小差的此时已到奥朗日，正冲着房门紧闭的家喵喵哀叫。

阿格拉埃和克莱尔①出发了。她们俩找到公猫时，那猫真的如我所说，是在旧家门前叫唤呢。她们把它装在篮子里，带回新家来。它肚子上和爪子上沾着红土，但由于天气干燥，身上没有湿泥。公猫横穿埃格河急流时，弄湿了皮毛；在田野上行走时，湿毛粘上了红土面。从塞里尼昂到奥朗日的直线距离是七公里。埃格河上有两座桥，一座在我们上游，一座在下游，绕行过河桥，路程比直线距离远得多。这只猫既没有走上游桥，也没有走下游桥，这就是说，本能指给它一条最短的路线，而且就像肚子上带着的红土所证明的那样，它是按这条最短路线行走的。它在这五月里穿越水势正猛的急流，克服了自己怕水习性的障碍，毅然回到自己热爱的住处。当年那只阿维尼翁公猫穿越索尔格河，付出的也是同样的勇气和艰辛。

开小差的重新圈进了塞里尼昂的阁楼。它在里面住了半个月后，我们又放它出来了。二十四小时尚未过去，它又一次逃回奥朗日去了。看来是要随它去面对自己那一门心思认定的倒霉命了。旧家的一位邻居在野外碰上我，和我说起那猫的事。他说，有一天，他看见那只猫躲在篱笆后面，用牙叼着一只兔子。它这样一只习惯了猫类生活种种舒适条件的猫，一旦没有了食吃，自己就变成了偷猎者，在那所荒废了的房子附近的家禽饲养地开发食源。后来，我一直没有再听到它的消息。它的归宿肯定不会太好：它已经成了小偷，最后也会以小偷的命运告终。

证据已经有了，而且是先后两次，我亲眼目睹。尽管路途遥远，要走的路又完全陌生，但成年猫能够找回过去的住处。它们具备按自己方式表现出来的我那些垒筑蜂的本能。还有一个需要搞清的问题，就是那个装进口袋里兜圈的问题。采用这种手法，成年公猫会迷失方向，还是不会？当听到有人用更详细的资料来证明此法无效时，我就要好好想想实际经验是怎样的。每一位向我宣讲装袋兜圈法的人，说的是从另一个人那里听来的事；那另一个人是重复了又一个人的说法；而这说法又是这第三个人从别人那里得来的；第四、第五、第六个人，源头甚远。事实上呢，这些人没一个实践过，没一个亲眼见过。这是农村的一种传统。所有人都肯定这办法一用一个准，然而绝大多数人连试都没有试过。他们成功阐述出来的道理，对他们自己来说是毋庸置疑的。他们说，如果我们把眼睛蒙住兜上几圈，过后也会不知道自己究竟是在什么地方了。把猫装在两眼一抹黑的袋子里兜几圈，猫也会如此。他们的结论是按由人及兽的逻辑做出的，和另一些人一样，另一些人无非是由兽及人而已。如果真实情况是人界、兽界各有不同的心理，那末这方法就有毛病了。

为了使这样的信念牢牢印在一个农民的头脑里，就必须接长不短地用些事实来补充印证它的正确性。在诸多成功的实例里，依我看，那些从容适应新环境的是年幼的动物，它们尚未脱离成年动物的监护。对这些刚改弦更张的教徒来说，给点儿奶吃就足以驱散流亡给它们带来的苦恼。不管是否闷在口袋里兜过圈子，它们都不会再回住处。过于谨慎的人会想，一定也让幼兽们实际经历一下兜圈子的过程才是。其实这种实践已经在正确方法指导下获得过不少实据，只是人们不知道罢了。

为了判断兜圈方法是否有效，应该带出去的是成年猫，是真正的公猫。

关于这一点，我最终找到了满意的证据。有几位值得信赖、有独立思考精神并具备分析事物能力的人，对我讲述过他们用兜圈口袋阻止猫回家的试验。试验对象是成年猫时，他们没一个人获得过成功。走很远的路，精心兜过圈子，把猫带到另一住处。结果，那些猫回回都又回了家。我特别记得有这么一件事：有一只爱吃水池中红鱼的猫，丝毫不差地按那种方法从塞里尼昂带到彼奥朗克，结果，它竟又回到自己的红鱼池来了；再把它带进深山，丢在密林，结果同样，它还是回来了。既然口袋和兜圈子总是无效，不如处死不肯就范者了事。我收集统计过数量足够的同类实例，而且都是原原本本记录的例子。它们所证明的结论是一致的：兜圈根本不会阻止成年猫回到故地。起初那么诱我信服的大众信念，其实是以观察欠妥的事实为依据的偏见。因此，在解释猫和垒筑蜂都完全能找回家去这一问题时，必须放弃达尔文的思路。

①法布尔的两个女儿。

译自原著第 2 卷《我那几只猫的故事》

丁香小教堂

LES CETOINES

我的隐居地有段丁香林道，浓荫幽深，路面开阔。五月来到了，两行树丛婀娜多姿地曲展着枝条，枝头顶着串串小花；树冠互相交织在一起，搭成框架相衔的拱形顶。此时的林荫道，俨然变成一座小教堂。上午，柔和的阳光斜洒进这小教堂，里面正在庆祝一年当中最美好的节日。这节庆一派安祥，听不到彩旗在窗前哗啦作声，看不到火药燃成的五彩光焰，也没有大庭广众之下的酒后打骂场面；这节庆自然朴实，免却了舞场沙哑管乐的惊扰，也不必忍受人群的喧嚣，为了给一位刚在三步舞中赢得一块价值四十苏的方绸头巾的舞迷叫好，那尖叫声能让你脑袋像炸开一样。你们靠爆竹与酗酒烘托的粗野欢乐，根本得不到这里所呈现着的庄严！

我是丁香小教堂活动的忠实参加者。我的节日致辞无法转化为言词，它是轻缓起伏着的一种最真挚的激情。我从一根绿色的立柱走到另一根，每一次都虔诚地驻步静观；我一刻也不偷懒，每一步都拨动一颗观察者特有的念珠。我的祈祷，就是一声感叹：哦！

一些朝圣者赶来参加美餐，捞一份春天的施舍，顺便喝上他一大口。来者当中有采花蜂，也有专门欺负它的暴君琉璃蜂，它们你一下我一下，轮流把舌头捅进同一朵花的圣水缸。抢劫者与受劫者和睦相处，一口口地呷着圣水，彼此之间没有一点儿距离。它们都平静地做着自己

的事，仿佛谁也不认识谁。

壁蜂穿着黑红各半的天鹅绒外套，往腹刷上粘着花粉，然后跑到附近的芦苇秆里堆起面粉来。这边的是管蚜蝇，它们喜欢拼了命地嗡鸣，其翅膀像云母片一般折映着阳光。它们一口一口地已经喝醉了，于是退出筵席，找一片叶子，躲在荫凉下醒酒。

那边的是胡蜂，是长须胡蜂，它们喜欢发火，动辄以剑相见。这些从不饶人的家伙路过哪里，哪里的好脾气同类就望而怯步，赶紧溜到一边去，就连人多势众的蜜蜂也不例外。蜜蜂也是动不动就爱拔出剑来的虫类，但只要它们忙着收获食物，就会采取让胡蜂三分的态度。

那些色彩斑斓、短粗身材的蝶蛾，名叫透翅蛾，它们不屑于把翅膀严严实实地糊上鳞粉。翅膀上的裸露部分就是一层透明的薄纱，与那些蒙着粉饰的部分形成鲜明对照，不失为一种独具风韵之美。此乃以素朴衬华丽。

这飞来飞去、飞上飞下，盘旋着疯狂起舞的，是正在跳鳞翅昆虫平民芭蕾的卷心菜粉蝶，它们清一色的白衣裳，翅膀上嵌着醒目的黑眼点。大家在空中互相挑逗，互相追逐，互相捉弄。它们中不断出现跳累了华尔兹舞的伙伴，每隔一会儿就有一位落在丁香树上，把定丁香花那小尖底瓮痛饮一气。细喇叭嘴探进瓮颈深处吸吮着，此时此刻，一对大翅膀轻轻并立到背后，再缓缓分开举平，而后又并排竖起。

那些数量同样很大，但由于翅膀宽阔而起飞不够迅捷的飞蝶，叫金凤蝶。它们拖着长长的凤尾，着实迷人。它们身上戴着桔黄色的绶带，装饰着湛蓝的月牙儿。

孩子们回到我这儿来了。他们看见一只金凤蝶，立刻被这天生丽质的生灵迷住了。每当孩子伸过手去，金凤蝶便躲闪着向旁边飞出几步，落到花上，继续探寻甜汁，那对翅膀和粉蝶一样开合着。如果阳光之下吸管作业正常，糖汁顺利吸上来，那末不论是哪位伙伴，只要翅膀操着轻松的开合动作，就说明它此时感到很心满意足。

“快捉住它！安娜！”可安娜就是不伸手，她知道，自己虽然手疾眼快，可金凤蝶从来就没等自己的小手靠近过。安娜是全家人中最小的一个女孩，她已经找到了更合自己情趣的虫子，那就是金匠花金龟。早上天凉，金匠花金龟尚未恢复活力，这浑身金光闪闪的美丽昆虫，此时正在丁香树枝上打盹，既觉察不到危险，又没有能力逃跑。这种昆虫可多了，不一会儿就摘下了五、六只。我一看，赶紧制止住孩子们，请他们别再惊扰其他金匠花金龟。捕获到的虫子，被安置进一个铺着花瓣褥子的纸盒。过些时候，等气温升上来后，给金匠花金龟一只爪子拴根长长的线，它就会在一天当中气温最高的几个小时里，绕着圈儿在孩子头上飞行。

节译自原著第 8 卷《金匠花金龟》

荒石园 L'HARMAS

那儿是我最愿意呆的地方，是我的 hoc erat in votis ①。就那么一块地，哦！并不算大，然而自成一统，与公共要道上的诸般苦恼无缘；一块偏僻的不毛之地，被太阳烤得滚烫，但却是刺茎菊科植物和膜翅目昆虫们的好去处。那里没有过往行人打扰，我可以对石泥蜂、土泥蜂们提问调查，专心致志地从事这种难度极大的学术探讨，其提问和回答是通过一种独特言语进行的，这言语就是“实验”；在那里无需大量消耗时间的远途出行，无需分心伤神的艰难跋涉，我可以通盘安排我的攻坚计划，从容设下缜密的圈套，然后每日每时地观察其结果。hoc erat in votis，是的，那里凝结着我的心愿，我的梦想。想得到它的意志一直揣在我心底，但这种念头冒出来时，每每总是不知不觉又被埋入了“以后再说”的无奈迷茫。

况且，真要在旷野上搞个实验室，也的确很不方便，你得为每日面包的事操碎心。我四十年如一日，靠了顽强的斗志，过着自己并不在乎的艰辛清苦日子；终于，这一天等到了，我有了这处实验室。至于使人能够坚韧不拔、拼命工作的是什么，这里不准备多说了。反正我的实验室到手了，尽管它条件较差，但有了它，我的生活大概就有些许闲暇了。可以这样说，我一直都好像是腿上拖着铐链的苦役犯。这一回心愿总算实现了。但实现得晚了点儿，哦，我可爱的虫子们！我担心，到了摘桃的时候，我已经开始没有能吃桃的牙了。的确晚了点儿：当初的广阔视野，如今变成了低矮憋闷的穹顶境界，而且还在日益压低，变得更狭窄。除了失去的东西，对过去我是毫无遗憾，无所谓自疚，甚至包括我的二十年光阴；同样，我也根本不希望什么。体验了形形色色的炎凉世态，心已支离破碎，人便会不禁自问：只为活命，吃苦是否值得？我现在的心境即是如此。

我的周围是满目废墟，只有一段残壁仍立在那里岿然不动，它的根脚是由石灰沙泥筑实的基础。这断壁，就是我对科学真理之挚爱的写照。哦，我不愧为能工巧匠的膜翅昆虫们，现在是否可以着手给你们的历史再如实追加上几页文字了？体力不会给毅力拆台吧？既然有此担心，我为什么还把你们搁置了这么长时间？这一点，有些朋友已经斥责我了。啊！你们去告诉他们吧，告诉那些既是你们的也是我的朋友，说那不是我健忘，怠惰，把你们放弃了，而是一直惦记着你们；说我早就深信节腹泥蜂的秘洞里还有尚待向我们揭示的有趣秘密，洞泥蜂的猎食活动还有会令我们惊奇的新细节；只怪我时间不够，又单枪匹马，不被人理睬，还要对付这穷命；更何况，要想高谈阔论，必须先能活命。就这样告诉他们，他们一定会原谅我。

还有人斥责我，说我的话语不严谨郑重，说白了，就是没有学院气的干巴劲儿。他们担忧的是，一篇文字若读着不费劲，就无法保持表达真理的功能。如果我依了他们，那末就只有在两眼一摸黑的情况下才算是有真知灼见喽。你们过来，不管是挂螫针的还是披鞘翅的，你们都来，来为我辩护，来为我作证。请你们以我与你们共同生活之际那种亲密感情，我观察你们时的那种极大耐心，以及我记录你们行为时的那种严细精神，站出来说话吧。你们异口同声为我这样作证：不错，我写的那些没有满篇空洞程式和不懂装懂滥言的文稿，恰恰是在准确记述观察得到的事实，既不添加什么，也不忽略什么；日后还有谁想向你们提出问题，你们也这样回答他们。

我亲爱的虫子们，一旦你们因为做不出难为人的事而说服不了那群胆大气粗的人，我就会出来说话，会这样告诉他们："你们是剖开虫子的肚子，我却是活着研究它们；你们把虫子当作令人恐惧或令人怜悯的东西，而我却让人们能够爱它；你们是在一种扭拽切剁的车间里操作，我则是在蓝天之下，听着蝉鸣音乐从事观察；你们是强行将细胞和原生质置于化学反应剂之中，我是在各种本能表现最突出的时候探究本能；你们倾心关注的是死亡，我悉心观察的是生命。我当然还要进一步表明我的思想：野猪们践踏了清泉之水；原本是研究人类童年的壮丽事业——自然史，却由于分离细胞技术的高度发达，反而变成了令人厌恶憎恨、心灰意冷的事物。一点儿不假，我在为学者们撰写文章，为将来有一天会多少为解决'本能'这一难题做些贡献的哲学家们撰写文章；但我也是在，而且尤其是在为青年人撰写文章，我实在想让他们热爱这门你们这么想让人憎恨的自然史。这就是我为什么始终坚持真实所特有的一丝不苟的态度，要求自己不去读你们那类科学华章。你们那类说道，恕我直言，真好像是用休伦人②的土语写成的。"

然而此时此刻，我要做的不是这些事。我现在要做的，是说说我这块地，长期以来它是各项计划中最能寄托我情思的一项，我有心将它变成一个活的昆虫学实验室。这一小块地，最后终于在一个僻静的小村庄找到了。这是一处当地人所说的"阿尔玛斯"。这个词语，指的是一片只生着百里香类植物的多石生荒地。这种地极其贫瘠，连开犁的工本费都收不回来。如果春天偶尔下场雨，地里长些青草出来，羊才会到这地方转悠几圈。不管怎么说，我这块生荒地，由于碎石层间夹杂了少许红壤，过去还曾破天荒地种过东西。有人说，这里从前种过葡萄。如今，为了种上几棵树，我们在地上挖坑，不定在哪儿会挖出诚属珍稀的乔本植物的根条，其实都已经在长期的气候作用下半炭化了。能够插进这种土质的工具只有三齿叉。我不断将三齿叉踩进地里，待掘起看时，每次都非常遗憾，据说最早种植的葡萄树已经荡然无存了。这块地上生长着的，倒是百里香、熏衣草和一些胭脂虫栎树丛。胭脂虫栎是一种矮小树种，人只要稍微高抬点儿腿，就可以跨着它们游走。这些植物，特别是前两种植物，对我会是有用的，因为它们可以为膜翅目昆虫提供采蜜的条件。我不得不把三齿叉掘起的百里香和熏衣草，连土石带根一起复归原位。

我并未动手治理，这里有大量流动的土壤，开始时这些土粒随风而至，以后便长年积存下来。一眼望去，这块土地上长得最多的是一种禾本植物——狗牙根，这赶不走的植物很讨厌，三年炮火连天的战争都没能将其斩尽杀绝。数量第二大的是矢车菊，它们都露着一副哭丧脸，身上披棘挂刺，有的还带星状利器。这当中又分为双至矢车菊、蒺藜矢车菊、丘陵矢车菊和寒地矢车菊。其中占比例最大的，当数双至矢车菊。在各种矢车菊交织难辨的乱丛当中，支挺着一种酷似枝状大烛台的菊科植物，杈杈枝梢上吐出火苗般的橙红色大瓣花，人们称之为“西班牙狼牙棍”。它浑身长满粗硬凶险的刺，其穿刺力与铁钉不相上下。比狼牙棍还高的是伊利里亚矢车菊，它孤伶伶戳在地上，茎秆笔直，有一两米高，梢头顶着几个硕大的紫红色绒球。它浑身披挂的利器，与狼牙棍相比毫不逊色。我们别忘了，还有蓟类植物家族。第一种是险恶的蓟类，浑身棘刺，让采集者不知如何下手；第二种是披针蓟，叶丛茂密，叶脉末端形成梭标般的硬尖；第三种是越长颜色越黑的蓟类，这种植物集缩成一团，酷似插满针刺的玫瑰花结。上述各种植物之间的空隙地上，爬着果实颜色发蓝的蔓生荆棘，拉成长绳的秧条上装备着无数毛刺。如果想观看一下正在一簇刺丛中采蜜的蜂类，必须穿上半腿高的长筒靴，否则就得尝受腿肚子挂上血丝的那种痒疼。当土壤中还保存着几场春雨的残留水分时，这片环境艰苦的植物景观还是具有独特魅力的。双至矢车菊黄色花头铺成的大地毯上，矗立着一座座狼牙棍的金字塔，四下里是伊利里亚矢车菊投出的横七竖八的标枪。可夏日旱季一到，眼前只剩得一片荒芜，划根火柴就能蔓成满园大火。这就是，更准确地说，这曾经就是我获得这片园地支配权时的情形。当时，我把它当作迷人的伊甸园接收了下来，想从此与虫子为伍在里面生活。这是我经过四十年殊死斗争才换来的一块园地。

我那时称之为伊甸园；如今，按我最基本的价值取向看问题，这称谓依然不变。这块不惹人爱的园地，大概从来没人愿意往里面捏放几粒萝卜种子；然而对膜翅昆虫来说，它就是一处地上天堂。它那长势茂盛的荆蓟和矢车菊，把周围的蜂类都吸引到了我的眼前。以往去野外捕捉昆虫学标本，从未见过一个地点能聚集如此众多的蜂类。可以说，从事各种职业的蜂类，都到这里来约会了。它们当中，有捕捉活食的猎工，有利用湿土造巢的垒筑工，有梳理绒絮的整经工，有从叶片或花瓣上裁切材料的备料工，有用碎纸片作材料的建筑工，有搅和黏土的抹工，有给木头钻眼的木工，有打地道的矿工，此外还有加工羊肠子薄膜的技工……啊，还有很多很多，我怎能说得全呀？

这一位是干什么的？它是黄斑蜂。它在双至矢车菊蛛网状叶片的梗上刮来刮去，刮出一个小绒球儿，然后自豪地衔在大颚间。它要用这叶梗绒在地下制作一些毛毡小口袋，封存自己的蜜食和卵粒。那些是干什么的，那些热情如此高涨的采花蜜者?它们是切叶蜂。它们腹部下方带采粉刷，刷子颜色不一，有黑色的、白色的，也有火红色的。它们还要离开荆蓟丛，飞到附近的小灌木丛里察看一下，在那里选些叶子，从上面切下些卵形小渣片。这些渣片，最后将全被运进那只保存花粉收获物的干净容器里。再看那些穿着一身黑天鹅绒的，它们是干什么的?它们是石泥蜂，专门加工水泥和砾石。它们干的泥活儿，在荒石园的石子上随处可见。还有，再看那些突然启动、上下翻飞、左冲右突、嗡鸣大作的又是干什么的?它们是明壁泥蜂。它们把家安在了附近那些旧墙上，以及朝阳的物体坡面上。

现在看看暗壁泥蜂。那一只正在一个横卧的空蜗牛壳里工作，把成串的小隔室堆放在壳内的螺旋坡道上。另一只突然一爪击出，爪尖直取竖立在那里的蜗牛壳内的软体，为自己的幼虫找到一所圆锥型宅室；然后再一层楼一层楼地建造上成排小隔间。还有一只，正设法给一条由断苇秆构成的天然通道派上用场。再看那只多自在，它免费租用了某位建筑师蜜蜂那些尚可利用的长廊台。我们再看，那是大头蜂和丽纹蜂，其雄蜂都生着长长的触角。这是毛足蜂，后爪上那一对粗大的毛钳，是采花粉的器官。这种是地花蜂，它们是一个品种繁多的蜂类。此外还有腰腹纤细的隧蜂。暂且先介绍这几种，事实上，种类太多了。如果我继续往下数，大概能把整个产蜜族类的蜂民们都检阅一遍。佩雷斯教授是位波尔多的昆虫学者，我发现新虫种后，都是向他请教如何命名。他曾经问我，是否可以用专门的捕虫方法捕捉如此众多的稀有虫种，甚至是新发现的虫种，然后给他寄去。我专业捕虫的技术很差，而且，热情更低，我给他送标本的用意，是想促进他的研究工作，而绝不是让他用大头针穿透后钉在匣子底上。我没有什么捕虫秘诀，究其原因，是因为我拥有这些茂密丛生的蓟草和矢车菊。

天赐良缘，这些成员众多的各种采蜜族群体中，还加入了猎食族的成员。泥瓦匠们曾在我的荒石园中遗弃不少废料，园中到处能见到这儿一堆那儿一堆的沙子和石块，都是准备造园子围墙用的。施工进程缓慢，拖拖拉拉没个头儿，结果从第一年开始，这些建筑材料就已经被占领了。石泥蜂们选择石堆缝做过夜卧室，挤在里面睡觉。粗壮的斑纹蜂遇到追逼时，不管你是人还是狗，它都会张开大口直向你冲来。这大个头蜂类在石料堆上选的地点是一处深洞，以此防备过往金龟子的袭击。白袍黑翅，酷似穿着多米尼克教会教士服的脊令鸟，栖息在位置最高的石头上，在那里唱着粗制滥造的短曲小调。旁边石堆里的某处隐蔽点，准有它的窝，里面藏着天蓝色的小蛋。靠了石堆的遮蔽，多米尼克教会的小教士们隐匿起来。如今，脊令鸟已经不在了，我很为此感到遗憾，这邻居是一种非常美丽的鸟类。至于长耳斑纹蜂的消失，我没有什么可遗憾的。

沙堆又成了另一类虫民的幽居。腹泥蜂正清扫着地洞，向后蹬出一道道细土的抛物线；朗格多克泥蜂咬住无翅螽斯的触角，在那里使劲拖拽；一只大唇泥蜂正在把储备食物叶蝉藏入地窖。真叫我遗憾，那几位修建围墙泥瓦匠，后来赶走了这个猎物源丰富的昆虫部落。不过，假如哪天我想召回它们，那末只须再搞出一些沙堆就行了。有了沙堆，它们过不多久就都会回来。

居无定所的各种土蜂没有走开，我在春天能看见一种，在秋天能看见其他几种。它们在园中小道间和细草坪上游来荡去，寻觅着什么毛毛虫。各种蛛蜂也依旧留在园中，它们警觉机敏地飞行，振翅悬定在半空，上下左右巡视犄角旮旯儿，随时准备扑逮一只蜘蛛。个头儿最大的蛛蜂，专盯着纳尔包讷③蛛，这种蜘蛛的洞穴在园中还不算少。其地洞呈直井状，井口有蛛丝粘连杂草棍儿圈成的井栏。往洞底深处看，这巨型蜘蛛的眼睛在闪闪发光，大多数人都会感到发瘆。对蛛蜂来说，这猎物太厉害了，猎捕它不知要费多大劲，冒多大险！现在快看，在这盛夏午后的酷暑中，蚂蚁马队出动了，它们从营房出来，排成长蛇阵，一路向远方走去，准备进行一场由蚁奴们完成的狩猎。我们不妨忙里偷闲，随蚁队看一会儿围捕行动。这边还有呢，一堆已经变成腐植质的杂草周围，一群身长一寸④半的土蜂正懒洋洋地飞动着，然后又一头扎进烂草堆，引起它们兴奋的是一类丰美的猎物，即鳃角金龟、独角仙和金匠花金龟的幼虫。

值得研究的对象太多了，这里提到的还远远不全呢！园中人宅闲置时，地面也没人管了。没有人，动物踏实了，它们跑进园子，占据了各处空间。黄莺在丁香树上选址安了家；翠鸟在柏树密枝间落了户；麻雀在每片房瓦下塞进了破布头儿、碎稻草；梧桐树梢上落下南来的金丝雀，它们啾啾啾地欢唱着，建造出柔质小窝巢，看上去就像半个黄杏；鸱鸮适应了园中环境，每晚赶来试演自己作的单调曲谱，歌喉悠婉得像笛声；人称雅典娜鸟的猫头鹰，也跑到这里来呻吟和长号。房前有一大片池塘，向全村输送泉水的渡槽不断将清水注入这池塘。池塘周围方圆一公里的地面，是两栖类动物恋爱季节的好去处。灯芯草蟾蜍，有的个头儿像盘子一样大，它们披着一条紧挨一条的黄色细饰带，相约着到池塘来泡澡。黄昏光景，人们看见雄性助产士蟾蜍在池塘边上颠跳，两条后腿间拖挂着一嘟鲁胡椒粒一般的大卵粒。宽厚慈祥的一家之父，带着珍贵的包袱远道而来，把这包无价之宝置于水中，然后再离开池塘，躲进一片石板下，从那里发出一阵铜铃般的咕呱声。成群的雨蛙躲在树丛里，它们还不大想现在就叫，所以正操着优美的姿势玩跳水。五月里，夜幕纲动物的神经网末梢如何更重要。通过实验，划清智力与本能之间的界线；以事实为依据，以动物学系列为参照，从而见出人类理性思维是不是一种不会退化的功能；这一切的第一步，都要从计数一只甲壳动物的触须有多少个环节开始。解决这些重大问题，大概需要一支劳动大军，然而事实上我们一无所有。当今时尚，是要关注软体动物和植形动物。深海已经用铺天盖地般的拖网彻底探查了。对踩在我们脚下的土地却漠然处之。在等待人们改变时尚之际，我启动了供活昆虫学使用的荒石园实验室。这座实验室将不会难为纳税人，不从他们腰包里掏一文钱。

①拉丁文，意为"钟情宝地"。
②休伦人：北美印第安人的一支。
③纳尔包讷：地名，位于法国南部海岸。
④一寸：指法国长度单位寸，一法寸约合27.07毫米。
⑤三六酒：一种法国烧酒，取其十分之三，兑上等量水再饮用的酒，故称"三六酒"。

译自原著第2卷《荒石园》

法布尔传略

法布尔，全名若盎-昂利·卡西弥尔·法布尔(Jean-Henri Casimir Fabre)，通常称作若盎-昂利·法布尔。

一八二三年十二月二十一日，法布尔降生在法国南方阿韦龙省圣雷翁村一户农民家中。其父安杜瓦纳·法布尔能言善辩，好鸣不平；其母维克陶尔·萨尔格性情温顺，和蔼可亲。但他们是个山乡穷户。

法布尔四岁左右，父母送他到祖母家生活，暂时减轻家庭衣食负担。天真的孩子爱上了祖母家的白鹅、牛犊和绵羊，迷上了户外大自然中的花草虫鸟。

长到七岁，父母接他回家，送他进了村里的小学。校舍条件极其简陋，一间正规房间，一间房顶阁楼。正规房间既当教室，又作厨房、饭堂和睡房，门外就是鸡窝猪圈。老师虽有责任心，却经常无法正常教书，因为他还兼任着本村的剃头匠、旧城堡管理员、敲钟人、唱诗班成员和时钟维修工。

初入学堂，法布尔很不适应，二十六个法文字母让他花了比别人多几倍的时间，但小法布尔求知欲望格外强烈。他常有机会跑到乡间野外，每次回来，兜里装满了蜗牛、贝壳、蘑菇或其他植物、虫类。

大人一心向往城市生活。法布尔十岁时，小学还没读完，只好随全家迁到本省的罗德茨市去住。父母在那里开了个小咖啡馆，生意很差。尽管如此，还是决定安排酷爱学习的小法布尔去罗德茨中学，只随班听课，不在校食宿。这期间，为交足学费，法布尔每逢星期日便去教堂，为弥撒活动做些服务工作，挣回少许酬金。整个中学阶段，法布尔家为生计所迫，几度迁居，又先后在上加龙省的图卢兹市和埃罗纳省的蒙彼利埃市落脚。少年法布尔不得不出门做工谋生，致使中学无法正常读下来。他抓紧一切时间自学，强记勤问。十四岁那一年，他只身报考沃克吕兹省阿维尼翁市的师范学校，结果被正式录取。

从阿维尼翁师范学校毕业后，法布尔谋得同省卡庞特拉中学附小的教员职位，从此开始了长达二十余年的教师生涯。

起初，他教常识。一次带学生上户外课，忽然在石块上发现了垒筑蜂和蜂窝，被城市生活禁锢了八九年的“虫心”油然复发。他花了一个月的工资，买到一本昆虫学著作，细读之后，一种抑制不住的强大动力萌生了，他立志要做一个为虫子书写历史的人。那一年他不足十九岁。

研究昆虫的决心下定了，但维持生存的职业是教书，法布尔仍须为现实问题苦斗。他先参加有关部门组织的会考，拿到高中毕业资格的业士证书。以后又坚持业余自修，通过各门考试，先后取得数学和物理学学士学位。二十三岁的法布尔，由政府教育部门调派到科西嘉岛，担任阿雅克修市中学的物理教员。他一面努力任教，一面利用业余时间做动、植物观察记录。四年后，他被调回阿维尼翁市，继续担任中学教员。他心目中有个理想：有朝一日能在大学讲课。

两年后，法布尔仍靠自学，取得自然科学学士学位。又过两年，即将三十一岁的法布尔以两篇优秀学术论文的实力，一举获得科学博士学位。两篇论文的题目分别是：《关于兰科植物节结的研究》、《关于再生器官的解剖学研究及多足纲动物发育的研究》。就在同一年，他在《自然科学年鉴》发表了长期积累的成果：《节腹泥蜂习俗观察记》。《观察记》博得广泛赞赏，法布尔出色的观察才能令人折服，人们公认他不仅纠正了以往权威学者的错误，弥补了前人的疏漏，而且阐发了独到的见解。法布尔的昆虫学文章，开始引起人们的注意。同一年，他发表的关于鞘翅昆虫过变态问题的研究成果，由于学术质量精、理论意义大，令同行刮目相看。法兰西科学院向他颁发了实验生理学奖金，肯定他在活态昆虫上的研究具有不同于昆虫结构解剖学的价值。英国生物学家达尔文格外关注这位年轻的法国人。待一八五九年《物种起源》问世时，人们从中读到，达尔文称他是"难以效法的观察家"。

博学的法布尔，又发现一种从茜草中提取红色染素的工艺，当地政府准备采用他的技术。可是没想到，经过数年周折，工厂主最终建造的是一个人工合成茜红色染料的车间，没有实现他想利用茜草自然资源的"工业化学梦"。这期间，帝国教育部曾以杰出教师的名义为他授勋，主要表彰他在教师岗位上也能从事自然科学研究；他为此还受到拿破仑三世几分钟的接见。法布尔放弃化工计划后，努力实施教育部长教学改革方案，在新建的公共业余大学增设了自然课内容，还给女学员不定期作讲座，听课者越来越多。出于保守、偏见和妒嫉，一群有身份的政界、教育界人物无端指责他是"具有颠覆性的危险人物"，宗教界顽固派攻击他"当着姑娘的面讲植物两性繁殖"。最后由房东出面，强令法布尔全家搬走。法布尔决定离开阿维尼翁这座城市，决心今后再也不想登什么大学讲台。这一年是一八七〇年，法布尔已经四十六岁。

一八七〇年，法布尔携家小进入沃克吕兹省境内，在奥朗日市找到一处安身的家。先丢了饭碗，再花销路费，生活没了着落。一向腼腆的法布尔破天荒开口"求钱"，向只有几面之交耀为何事，此时下意识地摇着头，颇有莫名其妙之感。近九十岁的老翁，操着诙谐的口吻对老朋友说："这些作法，也太'神乎'了。他们爱怎么着就怎么着吧，反正我是感到，自己一天比一天憔悴，一天比一天临近末日。"

离九十二岁生日只差一个月了，法布尔卧在床上，静候生命里程这又一标志性日子的到来。那是一九一五年十一月十一日，他平静得像一位藐视死神的勇士。这时候人们发现，他已悄悄地长眠了。一位以昆虫为琴拨响人类命运颤音的巨人，从此消失。

法布尔去世不到十年，十卷精装本《昆虫记》出齐。他的女婿吕格罗博士，将介绍他一生的文章结集出版，充作《昆虫记》"第十一卷"。

法布尔生前曾获各类正式奖四十余项，其中先后十一次获法兰西科学院颁发的"日内"奖。颁发这些奖金，也显示着科学界对生活、工作条件不足的法布尔的支持。法布尔一生勤奋、博学，除精于昆虫学研究之外，在植物学、数学、物理学及化学诸领域也造诣颇深，而且具备古代史、古代神话、诗歌、音乐、绘画、文学等多方面素养。法国文学界曾以"昆虫世界的维吉尔"为称号，推荐他为诺贝尔文学奖候选人。可惜诺奖委员们还没来得及做最后决议，便传来法布尔已经离世的消息。然而，这一光荣称号被人们传颂开来。

人们早期只称法布尔是"昆虫观察家"，到晚年公认他为"昆虫学家"；他去世后，人们在一段时间里称他为"昆虫学家、作家"，后来又把他称作"作家、昆虫学家"。这种变化表明，随着时间的推移，人们对法布尔价值的认识，发生了从以自然性为重到以人文性为重的深刻变化。

译编记

一九八九至一九九一年直接研读法布尔原著，一九九一至一九九二年初从其十卷本中译出三十万字，半年后终于由作家出版社出版了十二万余字的选译本《昆虫记》。作为译者和编者，我当时兴奋之余，还抱着许多思考和愿望，其中之一，就是希望从此会有更多同行开始关注法布尔的巨著，加入到在中国扩大法布尔作品影响面和影响力的工作中来。记得还有种担忧，生怕自己的译本不能让中国人看出这远在欧洲，远离我们一个世纪诞生的巨著是一部杰作。实在没想到，此后十年间，法布尔作品的影响面和影响力竟扩增得如此迅猛。这当然是有深刻道理的。如今中国已经有了法布尔巨著的全十卷译本。中国人花大力气做这样的事，应该说是值得的。我们的头脑非常需要充实某种“法布尔精神”，这一点我在作家出版社一九九八年《昆虫记》再版本的“序言”中已经谈过了。在此，我真心向所有积极翻译、介绍、评论法布尔作品的中国同行，表示由衷的崇高敬意！

知道法布尔的中国人越来越多，读者逐渐依层次、类型和偏爱的差异而形成不同需求，不同读者群有理由要求出版适应本群体需求的版本。为此，作家出版社委托我凭着对原著整体的理解以及对中国读者的了解，再出一个更易读易记易学的选译本，以此满足喜欢《昆虫记》的中国读者。我根据一九九二年和一九九八的两个版本，辑选了三十个篇目，重新安排了顺序，其中有些篇章做了内容增减，有些根据需要另拟了新的标题；而《法布尔名言》、《西绪福斯虫夫妻》和《我那几只猫的故事》三个篇目，则是新增加的；旧版的《法布尔传略》，也借此机会认真作了修订；与此同时，更正了旧稿出现的个别差错。本书《目录》当中，有关鞘翅目昆虫（甲虫）的编为一组，因为法布尔一生中研究这类昆虫用的时间最长，时间跨度近四十年，足见惊人毅力；一组篇目涉及鞘翅目昆虫以外的其他昆虫；还有一组篇目则为作者的自传性作品，依文中内容所涉年代的先后编排。

我们为本书制作了图饰。这样一来，读者在品味法国特色作家文笔的同时，又可感受到中国特色装帧艺术所烘托的气氛。

假如有可能把十卷本原著全部翻译出来，我会按作者原意将汉译本书名确定为《昆虫学忆札》。作者确实没有"只记写虫子"的意思。这一版仍是选译本，姑且仍借用"昆虫记"这三个字吧。但愿读者在这本书里读到的，是忠实于原著的翻译文字，包括其遣词造句、文学手法和写作风格。

愿再次提及一九九八年版本的序言——《法布尔精神》。我至今坚持认为，读《昆虫记》的人应该"读出个法布尔精神"。法布尔精神若高度概括，就是两个字：求真。愿这个重新编排并加入了插图的版本，能促使为数更多的中国读者领悟法布尔精神。

王 光

2002年11月于北京

图书在版编目（CIP）数据

昆虫记:插图珍藏本/（法）法布尔（Fabre,J. -H.）著；王光译. -北京:作家出版社，2003.3
ISBN 7-5063-2601-9

Ⅰ.昆… Ⅱ.①法…②王… Ⅲ.昆虫-普及读物
Ⅳ.①Q96-49②I565.64

中国版本图书馆 CIP 数据核字（2003）第 011101 号

昆虫记(插图珍藏本)

作者:〔法〕法布尔
译者:王　光
责任编辑:潘　静
装帧设计:每天出发坊·李颖明·阮舟
出版发行:作家出版社
社址:北京农展馆南里 10 号　　**邮码**:100026
电话传真:86-10-65930756（出版发行部）
86-10-65004079（总编室）
E-mail:**wrtspub@public.bta.net.cn**
http://www.zuojiachubanshe.com
印刷:紫恒印装有限公司
开本:700×1000　1/16
字数:160 千
印张:14　　**插页**:9
印数:48001-65000
版次:2003 年 9 月第 1 版
印次:2005 年 3 月第 5 次印刷
ISBN　7-5063-2601-9/**I**·2585
定价:23.00 元